Johann Karl Fischer

Verzeichniss der Gefässpflanzen

Neu-Vorpommerns und Rügens

Johann Karl Fischer

Verzeichniss der Gefässpflanzen
Neu-Vorpommerns und Rügens

ISBN/EAN: 9783742870124

Hergestellt in Europa, USA, Kanada, Australien, Japan

Cover: Foto ©berggeist007 / pixelio.de

Manufactured and distributed by brebook publishing software
(www.brebook.com)

Johann Karl Fischer

Verzeichniss der Gefässpflanzen

VERZEICHNISS

DER

GEFÄSSPFLANZEN

NEU-VORPOMMERNS UND RÜGENS.

———————

VERFASST

VON

JOHANN KARL FISCHER

STRALSUND 1861.

DRUCK DER KÖNIGLICHEN REGIERUNGS-BUCHDRUCKEREI.

Dem

Director des Gymnasiums

PROFESSOR D. ERNST NIZZE

Ritter des R.AO.3. m. d. Schl.

zur

Feier seines fünfzigjährigen Jubiläums

am 1. Juli 1861

in Liebe und Verehrung

seine hiesigen Collegen

A. BRÖSE. K. FISCHER. L. FREESE. J. v. GRUBER. K. KROMAYER. FR. v. LÜHMANN.
U. NIZZE. A. RIETZ. W. ROLLMANN. H. SCHULZE. W. TETSCHKE. H. WÄHDEL.
CHR. ZIEMSSEN. E. ZOBER.

Vorwort.

Von den hiesigen Collegen des Herrn Jubilars ist mir der ehrende Auftrag geworden, dieses Verzeichniss dem Druck zu übergeben. Da der verehrte und hochverdiente Mann, welchem dies Schriftchen als Festgabe dargebracht wird, in früherer Zeit selbst mit thätigem Eifer der Pflanzenkunde obgelegen und auch später, im Drange anderweitiger Beschäftigungen, ihr seine Theilnahme nicht entzogen hat, so glaube ich hoffen zu dürfen, er werde auch diese Blätter einmal in einer Stunde der Musse eines wohlwollenden Blickes würdigen.

Über die Arbeit selbst ist Folgendes zu bemerken.

Das betreffende Florengebiet hat gegen Alt-Vorpommern und Meklenburg keine eigentliche Vegetationsgrenze: möge es daher Entschuldigung finden, wenn hin und wieder ein Fundort aufgenommen ist, der, streng genommen, etwas über die politische Abgrenzung hinaus liegt.

Der Hauptzweck ist die möglichst vollständige Aufzählung der im Gebiet heimischen gefässführenden Pflanzen. Die oft und leicht verwildernden Culturpflanzen sind nebenbei genannt; dies hätte ausserdem wenigstens noch mit den folgenden geschehen sollen: **Anethum graveolens, Borrago officinalis, Coriandrum sativum, Melissa officinalis.** — Die im Ganzen alphabetische Ordnung schien für den Gebrauch die bequemste zu sein.

Seit Weigel **(Fl. pomeranico-rugica. 1769.)** ist kein Werk erschienen, welches die Flora unserer Gegend speciell behandelt. Baumgardt (Programm des Pädag. zu Putbus. 1845.) berücksichtigt nur Rügen; Schmidt (Fl. von Pommern u. Rügen. 2. Aufl. 1848.) und Garcke (Fl. von Nord- u. Mittel-Deutschland. 4. Aufl. 1858.) konnten nur für Selteneres die Fundorte angeben. Mehrere, längst bekannte Pflanzen sind hier wohl zum ersten Mal als heimische nachgewiesen worden.

Die Fundorte um Stralsund, bis auf etwa zwei Meilen Entfernung, beruhen fast ohne Ausnahme auf des Vf.s Bestimmungen; ebenso die der Demminer Gegend. — Wo kein Ortsname vorangeht, bezieht die Angabe sich auf die Tribseer Feldmark. — Für die Tribseer Gegend sind schätzbare Bereicherungen gewonnen aus einer von Herrn Pastor Billich hieselbst zur Durchsicht verstatteten sehr fleissigen Pflanzensammlung seines früh verstorbenen Sohnes Gotthard. Mit gleich dankenswerther Bereitwilligkeit hat Herr Apotheker Heinrich, früher in Lassan, nicht Weniges aus seinen Sammlungen aus der Lassaner Gegend mitgetheilt und ausserdem in Betreff der letzteren vielfache mündliche und schriftliche Auskunft gegeben. Anderweitige Mittheilungen, welche von dem Vf. benutzt worden, betreffen zu sehr Einzelnes, als dass sie hier aufgezählt werden könnten. — Alle Fundorte, von welchen dem Vf. sichere Exemplare vorgelegen, sind in gewöhnlicher Schrift gedruckt, und, wenn das Vorkommen auf einem einzigen Orte beruht, ist diesem der Name des Finders beigesetzt worden, wenn dieser ein Anderer ist, als der Vf. selbst; diejenigen hingegen, welche entweder aus gedruckten Werken oder ohne Bestätigung durch Exemplare aus mündlichen oder schriftlichen Mittheilungen entnommen wurden, sind in *Cursiv* gedruckt, und zwar mit Absicht ohne Angabe der Autorität.

Die Nomenclatur schliesst sich im Ganzen an Koch (Synopsis der deutschen etc. Flora. 2. Aufl. 1846.) an; wo davon abgewichen ist, geben die Verweisungen und die Beifügung der dort vorangestellten Benennungen die erforderliche Auskunft. Die Linnéischen Namen sind möglichst vollständig gegeben, mehrere derselben wieder vorangestellt worden.

Bei den Gattungsnamen ist vor dem Namen des *wahren* Autors einer der Begründer der bot. Wissenschaft, meist aus dem 16. Jahrhundert, genannt worden; ist der Name des Letzteren in Klammern eingeschlossen, so hat derselbe eine *verwandte* Gattung od. Art so benannt; ist aber dieser ältere Autor hinter dem neueren in Klammern angeführt, so gilt die von ihm eingeführte Benennung einer jetzt ganz anders benannten Gattung.

In ähnlicher Weise ist den specifischen Namen durch Beigabe der alten Synonymen ein gewissermassen historischer Charakter gegeben worden: in der Regel ist dies nur mit solchen geschehen, aus welchen sich die Herleitung und das Alter des jetzt gebräuchlichen Namens ergiebt; selten mit solchen, die in anderer Weise ein gewisses Interesse beanspruchen können. Ist der Name des älteren Autors eingeklammert, so hat dieser unter der vorausstehenden Benennung eine andere, verwandte Pflanzenart verstanden.

Bei Anwendung folgerichtiger Grundsätze in Bezug auf die Benennung, deren Ausführung hier nicht gegeben werden kann, hat der Vf. sich mehrmals genöthigt gesehen, seinen Namen beizusetzen, wo er vergebens eine bewährte Autorität gesucht hatte. Die Gründe der Namensänderung werden dem Kundigen theils von selbst in die Augen springen, theils liegen sie in den Synonymen angedeutet, oder sie sind dann durch die hinzugefügten Bemerkungen erörtert. — In Benennung der Varietäten ist nach Gleichmässigkeit und nach bezeichnenden Namen gestrebt worden; beseitigt sind hier solche Namen, die im Widerspruch zu den Artnamen stehen.

Da dem Plane gemäss Diagnosen im Allgemeinen auszuschliessen waren, sind hie und da Bemerkungen beigefügt, die zur Ergänzung und mitunter zur Berichtigung des von Andern Gegebenen dienen mögen. Unter den aufgestellten Varietäten wird sich die eine oder die andere durch Erweiterung der üblichen Diagnose beseitigen lassen. Ausserdem aber bezwecken die Bemerkungen in Fällen, wo nur einzelne oder getrocknete Exemplare zur Untersuchung benutzbar waren, Andern ein Urtheil über die Richtigkeit oder Unrichtigkeit der hier gegebenen Bestimmung möglich zu machen.

Die Orthographie und das grammatische Genus der *vorangestellten* Namen sind ohne Weiteres berichtigt, die Synonymen dagegen nach Möglichkeit buchstäblich genau angeführt worden. Sollten bei letzteren sich dennoch Abweichungen vom Original finden, so liegt die Ursache davon darin, dass dieselben sehr oft nach fremden Citaten wiederzugeben waren.

Die wenigen Abkürzungen werden ohne Erklärung verständlich sein; ausserdem ist **R:** od. **R.** s. v. a. Rügen, Str. ist Stralsund, F. der Name des Vf.s.

Mit aufrichtigem Dank würde ich es anerkennen, wenn in Folge dieser Veröffentlichung mir von Freunden der Botanik Beiträge zur Berichtigung, Vervollständigung od. Bestätigung des hier Gegebenen zugingen.

Stralsund, im Jun. 1861.

Fischer,

vorm. Lehrer am Gymn.

Berichtigungen.

Spec. 14. *Richtig:* Wilcke (u. so immer).
Spec. 49. u. 50. *Richtig:* **alliventris.**
Spec. 65. Der 2te u. 3te Gedankenstrich zu tilgen.
Spec. 356. *Richtig:* Sium Falc.
Spec. 361, β. *Richtig:* Vorstadt (Heinrich).
Spec. 362, δ. *Richtig:* einfach-zusammenge-faltet.
Gen. 201. *Richtig:* **Honckeneya.**
Ebenso Houckeney, Honckenya u. Seite 23. unten.

Gen. 321. *Richtig:* **Pinguicula.**
Spec. 724, β. *Richtig:* incanum, Koch.
Spec. 757. *Richtig:* **P. recta,** Linn. (Var. β. obscura, Koch).
Ebenda die Bem. über die Blätter zu streichen.
Spec. 881. *Richtig:* Zannebur.

1. *Acer*, *Dalechamp*. *Tournef*.
1. **A. campestre**, Linn. Casp. Bauhin. — **R:** Bergen. Kl. Film.
2. **A. platanoides**, Linn. Munting. — **R:** Granitz, Stubnitz.
3. **A. Pseudo-Platanus**, Linn. — A. majus, multis falso Platanus, Joh. Bauhin. — Wahrscheinlich eingeführt, aber eingebürgert: junge, aus Samen aufgewachsene Pflanzen fand ich mehrmals um Stralsund. — **R:** Film.

2. *Achillea*, *Dodonaeus*. *Vaill*.
4. **A. Millefolium**, Linn. — Millef., Fuchs.]
5. **A. Ptarmica**, Linn. — Draco silvestris s. Ptarmica, Dodon. — Voigdehäger Moor, Negast, Cummerow u. a. O.

3. *Acorus*, *Tragus*. *Linn*.
6. **A. Calamus**, Linn. — Cal. aromaticus, Amatus. — Am Knieper-Mühlengraben u. a. O.

4. *Actaea*, J. *Bauh*. *Linn*.
7. **A. nigra**, Fl. Wett. — A. spicata α. nigra, Linn. — Wolgast. Anclam. **R:** Stubnitz.

5. *Adoxa*, *Linn*.
8. **A. Moschatellina**, Linn. — Mosch., J. Bauh. — H. Graben, Barther Landstrasse u. a. v. a. O.

6. *Aegopodium*, *Tabernaem*. *Linn*.
9. **Ae. Podagraria**, Linn. — Pod. germanica aut belgica, Lobel. Herba Gerhardi, Dodon.

7. *Aethusa*, *Artedi*. *Linn*.
10. **Ae. Cynapium**, Linn. — Cyn. Rivini et Tabernaemontani, Rupp.
    β. pygmaea, Koch. — Äcker unfern Knöbelsöhrn u. a. O.

8. *Agrimonia*, *Brunfels*. *Tournef*.
11. **A. Eupatoria**, Linn. — Eupatorium, Fuchs. — Barther Landstr. u. a. v. a. O.

9. *Agrostemma*, *Linn*.
12. **A. Githago**, Linn. — Githago, Rosae marianae sextum genus, Tragus.

10. *Agrostis*, (*Dodon*.) *Linn*.
13. **A. canina**, Linn. — Gramen caninum supinum paniculatum folio varians, C. Bauh. — Deviner Anlagen (am Sumpf); Sandhagen, Negast u. a. O.
14. **A. capillaris**, Linn. ("Exasperati flores", L.) mit Ausschl. der Praelect. ed. Giseke, wo es heisst: „A. capillaris exotica"! — A. vulgaris, Withering nach Richter: ohne Zweifel richtig; auch L.s Zeitgenossen (Haller, hist.; Wilke, flora gryph.; Weigel) haben den vorangestellten Namen von der heimischen Art verstanden, und Linn. sagt in der Fl. suec. (!): „in pratis elevatis". — Kugelfang u. a. v. a. O. — Die niedere Form mit brandigen Blüthen (A. pumila, Linn.) bei Sandhagen am Krummenbg. See.
    β. stolonifera, Meyer (Chlor. han. unter A. vulgaris). — A. stolonifera α. Linn. — Diese fand ich noch nicht.
    γ. vivipara, F. — A. silvatica, Pollich. — Abtshagen: im diesseitigen Walde am Wege zu den Steinhäger Bauerhöfen.
15. **A. coarctata**, Ehrh. — A. alba, Schrad. Villa coarct., Beauv. — L.s Namen bezeichnen nur Varr. — Ändert ab in der Färbung der Rispe, die bald grün, bald gefärbt, seltner gelblich-bleich erscheint, und im Wuchs:
    α. erecta, F. — Halm aufrecht oder am Grunde niederliegend, gekniet, nicht wurzelnd, von dem Knie an aufsteigend oder aufrecht. — Häufig. Steif-aufrecht, mit breiteren Blättern und satt-braun gefärbter Rispe, ziemlich gross, findet sie sich auf rohem Lehmboden des vormal. Kl. Paschenberges. — Oft werden die äusseren Halme ausläuferartig, wodurch eine Übergangsform zur fg. Var. entsteht.
    β. stolonifera, F. — Halme ausläuferartig, niedergestreckt, verlängert, oft sehr lang, unterwärts meist ästig, wurzelnd, die fruchtbaren an der Spitze aufstrebend. — Die gemeinste Form; an Gräben und feuchten Orten, oft grosse Flächen dicht überziehend. — Eine grössere Waldform mit gefärbter oder grüner Rispe ist A. alba, Linn.

1

γ. gigantea, Meyer (Chlor. han. unter A. alba). —
Franken-Vorstadt u. Chaussee; Negast. — Rispe ¹/₂ —
I' lang. Sonst wie *a.*, selten wie *β*.
     δ. arenaria, F. — A. stolonifera *β*. Linn. Spec. A. stol. *β*.
arenaria, Linn. Fl. suec. II. A. stolonifera δ. maritima, Koch. —
Blätter steif, bläulich-grün. Rispe gedrungen. Sonst
wie *β*. — Frankenstrand.
     t. congesta, F. — A. stolonifera γ. procrepens, Koch. —
Rispe sehr dicht-gedrungen, kurz-ästig, gelappt, nach
dem Verblühen unverändert. — Deviner Ort (am Strande)
u. a. O.

11. Aira, Linn.

16. **Ai. caespitosa, Linn.**
     β. pallida, Koch. — Negast, im Walde, selten an
der Chaussee; Abtshagen, Niederhof. Martensdorf. Lassan: Jamitzow, Waschow. — Ist vielleicht eigene Art, da
sie auch an sonnigen Orten merklich später blüht, als
die Hauptform (an waldigen Orten gewöhnlich im
Septbr.). Wuchs und Rispe kleiner u. grösser; letztere
bis 18" lang, bisw. flatterig.
     γ. heterophylla, F. — Wurzelblätter zusammenge-
rollt, die äusseren zuletzt flach. — Auf kiesigem Boden!
Wiese am Knieperstrande, jenseit des Loolsensteins.

17. **Ai. flexuosa, Linn.** — Devin, Zarrendorf, Sandhagen. Negast, Martensdorf.
     β. montana, F. — Ai. montana, Linn. — Rispe kleiner,
mehr zusammengezogen; Ährchen dunkelgefärbt. —
Kaum als Var. anzusehn.

12. Ajuga, Eur. Cordus. Linn.

18. **A. genevensis, Linn.** — Deviner Anlagen und
Ort (am Ufer des Sees). Chaussee nach Pütte u. a. O.
Lassan: Leutschow.

19. **A. pyramidalis, Linn. — R: Berger Holz.**

20. **A. reptans, Linn.** — Herrenwiese; um den
Vogelsang; Abtshagen u. a. O.

13. Alchemilla, Columna. Linn.

Sonst Alchimilla von Tragus bis Vaill.

21. **A. arvensis, Scop.** — A. minor montana, Columna.
Aphanes arvensis, Linn. — **Gr.** Kädlingshagen, Grünhufe,
Negast, Devin u. a. O., aber -- wie es scheint — nicht auf
dem Stadtfelde.

22. **A. vulgaris, Linn.** — Alchim. vulg, C. Bauh. —
An allen Chausseen um Str., am H. Graben u. a. O. **R:**
Stubnitz.

**14. Alectorolophus, Anguillara
(-os). Haller.**

23. **A. major, Rehenbch.** — Rhinanthus major, Ehrh.
Rh. Crista galli, Linn. Spec. I. (mit Ausschluss der Varr.)
und Var. *a.* Spec. II. nach dem Cit. aus C. Bauh. Crista
galli, Dodon.

24. **A. minor, Wimm. u. Grab.** — Rhin. minor, Ehrh.

Rh. Crista galli *β*. Linn. Spec. I. II. nach dem Cit. aus C.
Bauh. — Voigdehäger Moor, Teschenhagen, Chaussee
von Grünhufe bis Martensdorf; Negast, Abtshagen:
überall nicht häufig. *Lassan: Vorwerk.* **R:** *Pulbus.*
     β. fallax, W. u. Grab. — Mit der Hauptform, z. B. an
der Chaussee jenseits Grünhufe.

15. Alisma, Lobel. Dillen.

25. **A. natans, Linn.** — *Greifswald: Hanshäger Holz.*

26. **A. Plantago, Linn.** Syst. X. — XIII. — A. Pl.
aquatica, Linn. Spec. Pl. aqu., Brunfels. — Bildet mit Über-
gangsformen die flgg. Varr.
     β. lanceolatum, Wither. (als Art). — Sehr häufig.
     γ. graminifolium, Wahlenbg. — Knieper-Mühlengraben,
häufig; Lehmgrube zur Linken des Wegs von Andershof nach Devin, klein. *Lassan: in der Peene.*

27. **A. Ranunculoides, Linn.** — *Am Krummenhäger See. Greifswald: Helmshäger Holz.* **R:** *Putbus,
beim Badehause.*

16. Alliaria, Fuchs. Adans.

28. **A. officinalis, Andrzej.** - - Erysimum All., Linn.
Sisymbrium All., Scop. — An der Stadtmauer um das Tribs,
Thor; Tribs. Vorstadt. *Greifswald. Lassan: beim Wa-
schower Fischerhause.*

17. Allium, Brunfels. Haller.

29. **A. montanum, Schmidt.** — A. montanum foliis
narcissi minus, C. Bauh. A. fallax *a*. *β*. Schult. — Der Wur-
zelstock in den ersten Jahren wagerecht, einfach, mit
end- u. seitenständigen Zwiebeln, darauf aus den Knos-
pen in langsam sich verlängernde, aufsteigende, dicho-
tome Äste auswachsend, nur an den Spitzen derselben
(etwa ¹/₂" lang) fortlebend und daselbst mit Wurzelfasern
besetzt; die Zwiebeln alsdann nur endständig, zu 2, zuerst
von einer gemeinschaftlichen äusseren Haut eingeschlossen, später sich trennend und wiederum theilend;
daher nur *zufällig*, wenn die eine der Zwiebeln zum
Blütentragen noch zu schwach ist, ein „unfruchtbares
Blätterbüschel zur Seite des Schaftes." Letzterer um
Grunde umblättert; Blätter 4—6, fast 2zeilig gestellt.
Dolde in feuchteren Jahren reichblüthiger, kugelig, in
trockneren oft gleich-hoch. — Demmin: bei den Kiefern.

30. **A. oleraceum, Linn.** — H. Graben; Ufer am
Knieperstrande und nach Devin zu; Chaussee nach An-
dershof; Seeufer bei Lüssow. Demmin. Lassan: am
Bauerberg und bei Waschow. **R:** Altenführ, am südl.
Ufer.

31. **A. Scorodoprasum (a.), Linn.** (Scorodopr., Tragus). — H. Graben; Andershöfer u. Deviner Strand, Niederhof, Seeufer bei Lüssow. *Barth. Wolgast.* — Kommt
auch (bei Lüssow) mit sprossendem Dolde vor.

32. **A. ursinum, Linn. Fuchs.** — *Greifswalder Oie.*
R: Vilm.

33. **A. vineale, Linn.** — Porrum vin., Eur. Cordus. —

Sehr reichzweiblige Dolden spalten sich öfters in 2 oder 3 Theile, deren jeder sich kugelig rundet, so dass der Schaft an der Spitze scheinbar 2 oder 3 geknäuelte Köpfchen trägt: Porrum silvestre gemino capite, C. Bauh.— Bisw. sind die Blüthenstielchen über der Mitte mit einem Deckblättchen besetzt, in dessen Achsel ein Zwiebelchen sitzt. — Knieperstrand, Deviner Ort, Seeufer bei Lüssow. Demmin.

18. *Alnus*, Dodon. Tournef.
31. A. glutinosa, Gärtn. — A. rotundifolia glut. viridis, C. Bauh. Betula Alnus, Linn. B. glutinosa, Linn. Syst. X.

19. *Alopecurus*, (Dodon.) Linn.
35. A. agrestis, Linn. — Auf unbebautem Boden ♃. Mitte Mai bis Sept. — Halme aufrecht, oder aufsteigend, oft am Grunde niederliegend u. wurzelnd, selten gestreckt. — Am Wege nach Gr. Kädingshagen; Äcker westlich vom H. Graben. Greifswald. R: Altenfähr.— Auf hartem, nacktem Lehmboden roth überlaufend.
β. stolonifer, F. — Mit sehr zahlreichen Ausläufern eine Fläche von 3—4' im Durchmesser bedeckend. — Eine grosse Pflanze mit sehr vielen fruchtbaren Halmen; früher in der Ballastkiste, jetzt mit der Ballasterde weggeführt.
36. A. fulvus, Smith. — Wiesen um den Vogelsang; an Weihern bei Gr. Kädingshagen u. Langendorf und (auf R.) bei Gustow. — Unhereiß, grasgrün an schattigen Orten im Abtshäger Walde.
37. A. geniculatus, Linn. — Gramen aquaticum geniculatum spicatum, C. Bauh.— Kommt an trockeneren Orten auch mit aufsteigenden und aufrechten, so wie mit völlig niedergestreckten (nicht wurzelnden) Halmen vor; ausserdem mit ästig-gelappter Rispe.
β. nigricans, F. — Rispe kürzer, im Umriss lineallanzettförmig, an beiden Enden ziemlich spitz, violettschwärzlich. Gramen etwas kürzer, steifer, nach dem Trocknen meist mehr abstehend. — Wenigstens diese Form ist sicher ♃: sie treibt nicht allein Ausläufer, welche neue Stöcke ansetzen, sondern auch aus der alten Wurzel neue Halme, mag indessen von nicht langer Dauer sein. — Auf feuchtem Lehmboden des vormalig. Kl. Paschenberges.
38. A. pratensis, Linn. — Gramen alopecuro simile, — J. Bauh. — Auf dem Stadtfelde sehr selten: am H. Graben; häufig bei Niederhof.

20. *Alsine*, (Fuchs). Wahlenbg.
39. A. viscosa, Schreb. — A. tenuifolia, Wahlenbg. β. viscosa, Koch. — Kugelfang (in trockenen Jahren ausbleibend), Grünhufe, Langendorf, Zitterpenningshagen. Greifswald.

21. *Alyssum*, Dalech. Linn.
40. A. calycinum, Linn. — Der Kelch fällt kurz vor der Fruchtreife ab. — Lüssow: an der Chaussee;

Langendorf; Martensdorf: am Wege nach Gr. Zauschar. Lassan: häufig.

22. *Amarantus*, Lobel. Linn.
41. A. Blitum, Linn. — Blitum, Fuchs. — Demmin: an der westl. Stadtmauer. Anclam.
42. A. retroflexus, Linn. — Einmal in der Ballastkiste von mir gefunden.

Ammophila, Host. — Vid. Psamma.
23. *Anagallis*, Brunfels. Tournef.
43. A. arvensis, Linn. — Kugelfang, Strand, Äcker. — An feuchteren Orten nicht selten mit monströsen Blüthen.

24. *Anchusa*, Dodon. Linn.
44. A. officinalis, Linn. — Kugelfang. Tribs. Feld u. a. v. a. O.

25. *Andromeda*, Linn.
45. A. calyculata, Linn. — Greifswald: bei Behrenhof einmal gefunden.
46. A. Polifolia, Linn. — Polif. und Poliifolia, Buxb. Vitis idaea affinis polifolia montana, J. Bauh. — Pütte, Negast, Voigdehagen, Teschenhagen, Brandshagen u. a. O. Lassan: Silberkuhl.

27. *Anemone*, Dalech. Tournef.
Vgl. Hepatica und Pulsatilla.
47. A. nemorosa, Linn. — A. nem. flore majore, C. Bauh. — H. Graben, Barther Landstrasse, Parower Park, Negast u. a. v. a. O.
48. A. ranunculoides, Linn. — Ranunculus nemorosus luteus, C. Bauh. — Parower Park; Abtshagen. im diesseitigen Walde. Greifswald: Hohenmühl. Anclam. Lassan: Bauerberg.
49. A. sylvestris, Linn.—A. silv. prima. Clusius.—Anclam.

27. *Angelica*, Dodon. Rivin.
50. A. sylvestris, Linn. Dodon. — Vogelsang, Andershöfer Strand u. a. v. a. O.
51. A. montana, Schleich. — Lüssow: am See; Brandshagen u. a. O.
β. pubescens, F. — Stengel unterwärts nebst den Blättchen unterseits kurzhaarig-flaumig. — Negast: zwischen den jungen Kiefern auf der vormal. Heide, auf trockenem Boden.

28. *Anthemis*, Val. Cordus. Micheli.
Vgl. Maruta und Ormenis.
52. A. arvensis, Linn.
53. A. tinctoria, Linn. — Am vormal. Kl. Paschenberge (östl. Rand). Barth: an der Chaussee u. der alten Burg. Greifswald. Lassan. R: Altenfähr, in Menge; Jasmund.

29. *Anthericum*, Linn.
54. A. Liliago, Linn. — Liliago Cordi, Thal. — Tribsees: Plemniner Laubholz (Billich).

4 Anthericum.

55. **A. ramosum**, Linn. — Phalangium ram., Dodou. — Demmin: Devensche Holz; Kiefernhügel bei der Gypsmühle.

30. **Anthoxanthum**, Linn.

56. **A. odoratum**, Linn. — Gramen anthoxanthon. Hist. Lugd. Gramen — odoratum —, Loesel.

31. **Anthriscus**, Dalech. Hoffm.

57. **A. silvestris**, Hoffm. — Chaerophyllum silvestre, Linn. Myrrhis silvestris, C. Bauh.

58. **A. vulgaris**, Pers. — Scandix Anthr., Linn. — Vorstädte, Devin u. a. O.

A. Cerefolium, Hoffm. - Fast wie eingebürgert.

32. **Anthyllis**, Dalech. Rivin.

59. **A. Vulneraria**, Linn. — Vuln. rustica, Cour. Giesner. — Grimmen, Barth, Demmin: am Vorwerk. Anclam. **R:** am Rande der Granitz; Jasmund.

33. **Antirrhinum**, Eur. Cordus. Rivin.

60. **A. Orontium**, Linn. - A. parvum s. Orontium, Dalech. — **R:** Garz (?).

34. **Apera**, Adans.

61. **A. Spica venti**, Beauv. — Agrostis Sp. v., Linn. — Eine Form mit ungleich-langen Grannen, deren meiste nur etwas länger als ihre Spelze, fand ich bei Negast im Waldrande gegen Seemühl. — Ob dies Agrostis sepium, Linn. (Syst. X.)?

35. **Apium**, Brunfels. Tournef.

62. **A. graveolens**, Linn. — A. vulgare ingratius, J. Bauh. — Am Deviner See.

Aquilegia vulgaris, Linn. — Kommt hier wohl nur verwildert vor.

36. **Arabis**, (Lacuna.) Linn.

63. **A. arenosa**, Scop. — Sisymbrium arenosum, Linn. Eruca — in arenosis proveniens, C. Bauh. — **R:** am Strande der Granitz u. Stubnitz: Mönchgut.

64. **A. hirsuta**, Scop. — Turritis hirs., Linn. Erysimo similis hirsuta —, C. Bauh. -- **R:** Pathus; Jasmund, am Ufer zwischen Sassnitz u. Crietz.

37. **Archangelica**, Dodon. Hoffm.

65. **A. littoralis**, Wahlenbg. — A. officinalis, Hoffm. zum Theil. - - Angelica Arch., Linn. Spec. u. Fl. suec. mit Ausschl. der Var. β. - - Ang. sativa, Miller (Fuchs?). Niederhof, häufig; Prohn, Lüssow, Negast. Barth. Lassau. Demmin, häufig.

β. foliolosa, F. — Wuchs niedriger. Blättchen der obersten (Zähligen) Blätter vollkommen ausgebildet, noch zur Fruchtzeit frisch und grün. Gewöhnlich sind dieselben verkümmert u. ihre Blattscheiden schon während des Blühens fast vertrocknet. -- Demmin.

γ. leptocarpa, F. — Frucht kaum ⅔ so lang u. breit als gewöhnlich; das Fruchtgehäuse am Rücken gleichdick: die Nerven der Rückenriefen oberflächlich, nicht

— wie gewöhnlich — in die korkige Masse des Fruchtgehäuses eingesenkt: die Riefen daher fadenförmig, nicht wulstig. — Lüssow: mit der Hauptform in der Nähe des Sees am Abzugsgraben.

38. **Arctostaphylos**, Clusius. Adans.

66. **A. Uva ursi**, Spreng. — A. officinalis, W. u. Grab. Arbutus U. ursi, Linn. Uva ursi, Lobel. — Greifswald: Grabenhäger Holz. **R:** Schmale Heide; Jasmund; Tribratz; Ahlbeck.

39. **Arenaria**, Rupp.

67. **A. serpyllifolia**, Linn. — A. multicaulis serp., Rupp. β. glutinosa, Koch. — An trockenen Orten. γ. tenuior, Koch. — **R:** auf dem Wampen am Wege nach Drigge.

40. **Aristolochia**, Brunfels. Tournef.

68. **A. Clematitis**, Linn. Ruellius. — Demmin: Verchen, in zieml. Menge, freilich ausserhalb des Gebiets; in letzterem hin u. wieder in Gärten wie wild.

Armeria, Willd. — Vid. Statice.

41. **Arnica**, Rupp.

69. **A. montana**, Linn. — Ptarmica mont., Hist. Lugd. — Negast, jetzt selten: Pennin: sonst in Menge auf der vormal. Martensdorfer Heide. Barth: Arbshagen, Saatel. Greifswald: Honshagen. Grimmen. Anclam.

42. **Arnoseris**, Gärtner.

70. **A. minima**, Link. — A. pusilla, Gärtn. Hyoseris min., Linn. Hieracium minimum, Clusius. — Devin, Sandhnagen, Langendorf u. a. O. Greifswald: Kl. Zastrow. Lassau: Papenberg.

43. **Arrhenatherum**, Pal. Beauv.

71. **A. elatius**, Mert. u. Koch. — Avena elatior, Linn. Gramen avenaceum elatius —. Rajus. - - Am Strande nach Parow u. nach Devin: Niederhof u. a. O.

44. **Artemisia**, Fuchs. Linn.

72. **A. Absinthium**, Linn. - Absinthium, Brunfels. — Nicht häufig: Vorstädte, Gr. Küdingshagen, Devin, Chaussee nach Teschenhagen u. a. O.

73. **A. campestris**, Linn. — Abrotauum campestre, Tabern. Kugelfang. Barther Landstrasse u. a. v. a. O.

74. **A. maritima**, Linn. — Am Strande des Deviner Orts (wenigstens in früherer Zeit). Greifswald. **R:** Fresenwerder, Schabe, Wittow.

75. **A. vulgaris**, Linn. Caesalpin.

45. **Arum**, Fuchs. Tournef.

76. **A. maculatum**, Linn. Tabern. — Damgarten, Anclam. Lassau: Buggenhagen, im Park! **R:** Pathus, im Park!

46. **Asparagus**, Brunfels. Tournef.

77. **A. altilis**, F. Fuchs. — A. officinalis γ. altilis, Linn. Spec. — Barth. Hiddensee. **R:** Mönchgut. Um Str. hie u. da einzeln, aus verschlepptem Samen.

47. **Asperugo**, Dodon. Tournef.

78. **A. procumbens**, Linn. — Buglossum — caulibus procumbentibus, C. Bauh. — Vorstädte, Parow u. a. O.

48. **Asperula**, Dalech. Linn.

79. **A. arvensis**, Linn. — A. caerulea arv., C. Bauh. — **R:** Jasmund.

80. **A. odorata**, Linn. Dodon. — Abtshagen u. a. O. **R:** Jasmund.

A. galioides, M. Bieb. möchte auf Jasmund sich finden.

49. **Asplenium**. Lobel. Linn.

81. **A. Filix femina**, Bernh. — Polypodium Fil. fem., Linn. Filix petraea femina --, Tabern. — Negast, Abtshagen u. a. v. a. O. — Von den zahlreichen Abänderungen hier nur flgg. zwei:

β. dilatatum, F. — Laub fast elliptisch, zugespitzt, wenigstens ½ so breit als lang, von dünnerer Substanz u. kürzer gestielt als gewöhnlich, nur spärlich fruchttragend. Spindel der Fiedern schmal-geflügelt, unterwärts ungeflügelt. Fiederchen mit beiderseits verschmälertem Grunde sitzend, fiederspaltig: Zipfel eiförmig, die meisten an der Spitze 2--3zähnig, der unterste der Vorderseite an den unteren Fiederchen meist merklich grösser, an der Spitze 2--3zähnig und beiderseits 1zähnig. — In Wäldern: Abtshagen im diesseitigen Walde, östl. ueben der Chaussee: Elmenhorst.

γ. reflexum, F. — Athyrium rhaeticum, Roth. — Laub zuletzt fast lineal: Fiedern aus bogig-abstehendem Grunde fast aufrecht, an der Spitze auswärts-gebogen. Fiederchen mit zurückgekrümmten, am Rande zurückgerollten Zipfeln die Fruchthaufen zuletzt fast gänzlich bedeckend: die obere Reihe derselben zurückgeschlagen, von denen der unteren Reihe in einem spitzen Winkel abstehend. — In lichten Gebüschen und an offenen Orten: Niederhof, im Bruch; Parow, Aussenkoppel; Gr. Kädingshagen, Heidestelle in den Wiesen neben der Heide, kleiner. — Eine ähnliche Bildung zeigt sich auch bei Polypodium Dryopteris (Linn.), wenn es an sonnigeren Orten wächst.

82. **A. Ruta muraria**, Linn. — Ruta mur., Dodon. — Aussenseite der Stadtmauer beim Johanniskloster. Greifswald: Stadtmauer.

83. **A. septentrionale**, Swartz. — Acrostichum sept., Linn. — Greifswald (..rarissimum--, Wg.).

84. **A. Trichomanes**, Linn. — Trich. Fuchs. — Vormals (nach Weigel, und noch vor etwa 25 Jahren) in der Kirchhofsmauer zu Elmenhorst; von uns dort nicht mehr gefunden. **R:** Jasmund, bei Luncken in Steinmauern und im Holz.

50. **Aster**, Fuchs. Tournef.

85. **A. Tripolium**, Linn. — Trip., Dodon. — Am Strande, stellenweise in Menge.

51. **Astragalus**, Clusius. Linn.

86. **A. Cicer**. Linn. — Cic, silvestre, Dodon. — Demmin, bei Haus Demmin.

87. **A. glykyphyllos**, Linn. — A. γλυκύρριζος, silvestris, luteus, Morison. Glycyrrhiza silvestris, Gesner. — Knieperstrand, Barther Landstrasse; Seeufer bei Lüssow. Greifswald: Kl. Zastrow. Lassan: Bauerberg. Demmin. **R:** Ufer am Nesebanzer Strande; Granitz; Stubnitz.

52. **Atriplex**, Fuchs. Tournef.

88. **A. hastatum**, Linn. — A. — folio deltoide, hastae cuspidi simili, Moris. hist. A. folio hastato s. deltoide, Moris. blaes.

Hieher ziehe ich auch A. latifolia, Wahlenbg u. A. calotheca, Fries. — Den specifischen Namen hat Linn. nach der Blattform (.folio -- hastae cuspidis simili--, Linn.) gegeben, hat aber die von Wahlenbg und Fries aufgestellten Arten nicht getrennt, obwohl er beide gekannt: für die erstere giebt er im H. oeland. nach Wahlenbg selbst einen Standort an; die zweite bezeichnet er unzweideutig in den Spec. (Nr. 7620. ed. Richter) mit den Worten: „valvulis femineis magnis, deltoidibus, sinuatis--; und wenn er Fl. suec. II. n. 920. unter A. laciniata sagt: „calyces fructus magni, laeves [?], palmato-laceri, acuti, magnitudine et figura fere Asperuginis--, so ist diese Beschreibung offenbar auch eine unrichtige Art hingerathen u. mit Recht von Wahlenbg (Fl. suec.) auf unsere Art bezogen worden, passt aber ebenfalls nur auf die A. calotheca, Fries. — Jene Trennung hat Linn. aber nach meiner Ansicht mit vollstem Recht unterlassen: denn die Blattform wird eine solche schwerlich begründen; die Gestalt der Fruchtkelche aber zeigt nicht nur Mittelformen zwischen den beiden von Wahlenbg und Fries unterschiedenen Arten (was man auf Bastarde deuten könnte), sondern die beiden Formen derselben finden sich mit einander auf einer und derselben Pflanze. — Demnach stelle ich folgende, oft durch Zwischenformen in einander übergehende Varietäten auf, und bemerke noch, dass Blätter und Fruchtkelche an Gestalt und Beschaffenheit einander in der Regel entsprechen.

α. vulgare, F. — A latifolia, Wahlenbg. — Fruchtklappen 3eckig, ganzrandig od. klein-gezähnt. — Die Blätter an kleinen Pflanzen auch bisw. ganzrandig, wobei die meisten od. nur die untersten spiessförmig sind.

β. microthecon, F. — A. ruderalis, Wahlr. A. latifolia β. microcarpa, Koch. — Fruchtklappen kaum grösser als die Frucht, gewölbt. Samen klein, im Durchmesser kaum ½ so gross als gewöhnlich, fast glatt. — Ist dennoch keine eigene Art: die kleineren, glatteren Samen finden sich untermischt mit denen der gewöhnlichen Form auf derselben Pflanze.

γ. macrothecon, F. — (Ob dies A. prostrata, De C.?) — Fruchtklappen gross (die grössten bis 1'' lang), länglich, ganzrandig, spiessförmig od. halb-spiessförmig,

2

mit ungetheilten oder seltner getheilten Öhrchen, auch ungeöhrt, am Grunde gerade od, etwas herzförmig, auf dem Rücken nackt, nebst den Blättern dicklich, fast fleischig, oberwärts aderlos od. undeutlich-aderig, getrocknet meist durchscheinend-gross-punktirt, oft proliferirend und dann leicht für Blätter anzusehen.— Kraut kahl od. (Übergang zur Var. *r*.) schwach-schülferig. Die Blätter, wenigstens die oberen, meist ungeöhrt und ganzrandig; die Ähren oft so schwer, dass sie darniederliegen. — Knieper- und Frankenstrand. Andershöfer Strand. **R**: Altenfähr. — Ich besitze ein Exemplar, woran die Fruchtklappen einer Blüthe genau die Form der flg. Var. zeigen.

     ð. calotheron (-ca), Schumchr. — A. calotheca, Fries. A. hastata der meisten Autoren. — Fruchtklappen eiförmig-3eckig, oder länglich-3eckig u. verschmälert spitz oder schwach-zugespitzt, am Grunde herzförmig (die kleineren oft fast rautenförmig-3eckig), buchtig-spitz-gezähnt mit oft sehr engen Buchten (niemals „eingeschnitten-gezähnt") oder oberwärts ganzrandig, die grösseren (bis 5‴ lang) beiderseits an den Ecken mit 2—3 längeren, zugespitzten od. pfriemenförmigen Zähnen (fast herz-spiessförmig mit getheilten Öhrchen), auf dem Rücken sämmtlich (grössere u. kleinere) oft blattig-weich-stachelig mit bisw. zusammengerollt-rinnigen Weich-stacheln, alle von dünnerer Substanz, getrocknet durchscheinend, meist bis zur Spitze deutlich netzig-aderig, die gestielten mit einem in das Stielchen hinablaufenden Flügel. — Mit der v. Var., auf **R**, auch bei der Grohler Fähre.

     r. salinum, F. — A. patula, Smith. Var. salina, Wallr. — Meist kleinere Form; schülferig-grau, zuletzt meist geröthet. Fruchtklappen wie bei *a*. od. *β*., seltner wie bei ð. — Dies ist (nach Koch) A. oppositifolia (De C.), wenn die Blätter ganzrandig, und A. Sackii (Rostk. u. S.), wenn die unteren Blätter gezähnt sind. — Frankenweide u. a. O.

89. A. laciniatum, Linn. — A. maritima laciniata, C. Bauh. — *Stralsund. Greifswald.* **R**: Jasmund. — Vielleicht einmal von mir am Frankenstrande gefunden, aber zu jung.

90. A. littorale, Linn. — Am Strande, auf moorigem Boden und halb-verwesten Auswürfen der See ist der aufstrebende Stengel oft vom Grunde an ästig, mit verlängerten, niederliegenden, an der Spitze aufstrebenden Ästen; auf unfruchtbarem, trocknerem Torfboden und auf trockenem Kies wird derselbe ganz einfach, steif-aufrecht, etwa 1 Spanne hoch.

     β. rhynchothecon, F. — Fruchtklappen hervorgezogen-geschnäbelt: Schnabel linal-länglich, stumpf, ganzrandig, nackt, kahl, fleischig, an der Spitze klaffend.

     γ. marinum, Dethard. (als Art). — Blätter breiter, die mittleren buchtig-gezähnt.

     ð. salinum, F. — Ziemlich klein. Stengel und Äste

niederliegend, an der Spitze aufstrebend, Blätter lineal-od. ein wenig lanzettförmig, ganzrandig, ziemlich dick, unterseits gewölbt. — Erscheint nur bei anhaltend gleich-hohem Wasserstande auf dem dauernd vom Salzwasser feucht erhaltenen Kiese, und ist daher nicht alljährlich zu finden. — Vormals am Strande bei der Reiferbahn, wo jetzt die neue Schiffswerfte. **R**: Altenfähr.

91. A. nitens. Rebentisch.   Franken- u. Knieper-Vorstadt, jetzt spärlicher.

92. A. patulum. Linn. — A angustifolia, Smith. A. angusto — folio, C. Bauh — Kommt auch vor mit spiess-lanzettförmigen (bis gegen 5‴ langen), am Grunde fast geraden Fruchtklappen; jedoch fand ich dieselben noch immer untermischt mit denen der gewöhnlichen Form.

     β. microthecon. F. — A. patula *β*. microcarpa. Koch. — Wie A. hastatum *β*. microthecon oben.

     γ. isophyllum, F. — Sämmtliche Blätter ungeöhrt u. ganzrandig.

     ð. strictum, F. — Kleinere Form. Stengel aufrecht. Äste aufrecht-abstehend od. fast aufrecht, Blätter lang-lich, ganzrandig, ungeöhrt od. die unteren halb-spiess-förmig od. spiessförmig. — Frankenstrand, unfern des Pulverhauses.

A. hortense. Linn. — Oft wie wild aus verschlepptem Samen, aber doch wohl nicht beständig.

53. Aera, Brunfels. Tournef.

93. A. caryophyllea. Web. — Aira car. Linn. Caryophyllus arvensis —, C. Bauh — Kugelfang, Deviner Anlagen, Sandhagen, Negast u. a. O. Lassan: Haggenhagen.

94. A. fatua, Linn. Tillands.

95. A. praecox, Beauv. — Aira pr., Linn. Gramen praecox —, Rajus. — Deviner Anlagen; Sandhagen, neben dem Wege nach Lüssow: Martensdorf, Lassan: Silberkuhl.

96. A. pratensis. Linn. — **R**: Wampen, am südl. Abhang und an dem Graben daselbst. — Nach Wilke, der aber — wie auch Weigel — die flg. Art nicht hat, bei Greifswald.

97. A. pubescens, Linn. — Neben dem Knieper-Mühlengraben; beim Vogelsang; an den südöstl. Abhängen und am Ufer des Mühlengrabens nach der Barther Landstrasse hin; bei Stadtkoppel. Deviner Anlagen u. a. O. Lassan: Wiesen.

A. strigosa, Schreber. — Hie und da wie wild; doch kaum ursprünglich heimisch.

54. Ballota, Linn.

Ballote, Fuchs. — Tourn. u. Haller.

98. B. nigra. Linn. — B. ruderalis, Swartz. B. vulgaris, Link. Marrubium nigrum foetidum, Pena. — Mit weisser Blumenkrone in Devin, selten. — Kraut etwas behaart, aber nicht von Haaren grau. Blätter gekerbt-gesägt, am Grunde ganzrandig: Sägezahne breit-eiförmig-3eckig, ziemlich gleich, 2mal so breit als lang. Kelchzähne eiförmig, zugespitzt-begrannt.

β. incana, F. — Kraut dichthaarig-grau: die jüngeren Blätter und meist auch die Kelche fast filzig-zottig; die Haare etwas schimmernd, länger, stärker und viel dichter stehend als bei der Hauptform, am Stengel entweder wie bei der letzteren — abwärtsgekrümmt (Zähne an den Bleichen beim Knieper-Mühlengraben, auch mit weisser Blumenkrone: Devin), od. fast gerade und wagerecht-abstehend (am Wege zur ersten Knieperbleiche). Blätter bis gegen den Grund ungleich-gekerbt-gesägt: Sägezähne fast regelmässig-abwechselnd grösser und mehrmals kleiner, eiförmig, an den oberen Blättern ei-lanzettförmig.

55. Barbarea, Dodon. Rob. Brown.
99. B. arcuata. Rehenbch. — Auf Kleefeldern (unter Trifolium pratense) oft in grösster Menge, also ohne Zweifel mit fremdem Samen eingeführt, aber auch an Wegen, Rainen u. dgl. Orten häufig u. völlig eingebürgert, z. B. auf dem Schiessstande bei Franzenshöhe, an den Chausseen u. a. O.
100. B. stricta, Audrzej. — Einmal von mir am Frankenstrande gefunden.
101. B. vulgaris. R. Brown. — Erysimum Barb, Linn. Setae Barbarae herba, Fuchs. — Hie u. da in den Vorstädten u. an den Wällen: Tribs. Feld.

56. Bellis, Fuchs. Tournef.
102. B. perennis, Linn. — B. minor silvestris, Fuchs.

57. Berberis, Brunfels. Tournef.
103. B. vulgaris. Linn. Bellon. (ed. Clus.) — Amirbaris Avicenuae, Camerar. — R: Jasmund.

58. Berula, Koch. (Tabern.)
104. B. angustifolia. Koch. — Sium angustifolium, Linn S. Berula. Gouau. — M. Graben. Barther Landstrasse u. a. v. a. O.
Beta vulgaris. Linn. γ. rapacea, Koch. — Jetzt nicht selten an Ufern und Wegen verwildert. Ob beständig?

59. Betonica, Fuchs. Tournef.
105. B. officinalis, Linn. — Herzberg: am Wege nach Millenhagen. Grimmen: Caschow, Wüst-Eldena. Tribsees: Plenniner Laubholz. Barth: Mastwiese. Demmin: Devensche Holz. — An den Orten, von welchen ich Pflanzen gesehen, überall die Var. a. hirta, Koch.

60. Betula, Dodon. Tournef.
106. B. alba, Linn. (nach Koch).
107. B. humilis, Schrank. — Tribsees: Plenniner Moor. Luitz: Trantower u. Vierower Moor.
108. B. odorata, Bechstein. Häufig; auch oft angepflanzt.

61. Bidens, Caesalpin. Tourn.
109. B. cernua, Linn. — Cannabinae aquaticae similis capitulis nutantibus. C. Bauh. — Winzige, oft 1köpfige Pflanzen auf unfruchtbarem Torf bei Sandhagen und Negast: häufig.
β. radiata, F. — Coreopsis Bidens, Linn. — Bei Stadtkoppel, Grünhufe, Lüssow: häufig in Devin am Fliess.
110. B. tripartita. Linn. — B. folio tripartito-diviso, Caesalp. Cannabina aqu. tolis trip.-divisis, C. Bauh. — Winzige, oft 1köpfige Pflanzen mit oft nur 5—8blüthigen Köpfchen u. ungetheilten Blättern auf feuchtem Sande (bei Negast u. Martensdorf) bilden die B. minima, Linn. — „Floribus erectis" sagt Linn. von ihr; weshalb sie unrichtig zur v. Art gezogen wird.
β. radiata, F. — Mit der Hauptform, aber selten: Strahl kurz. — Am Knieperstrande bei der Badeanstalt; am Frankenteich.

62. Blechnum, Linn.
111. Bl. Spicant, Roth. — Osmunda Sp., Linn. Spicant Tragi et Germanorum, Rupp. — R: Stubnitz.

63. Blitum, Eur. Cordus, Linn.
Die Ggg. sind bei Linn. Arten von Chenopodium mit denselben Trivialnamen.
112. Bl. Bonus Henricus, C. A. Meyer. Rajus. — Bou. Heur., Brunfels. — In den Vorstädten, selten; Devin, Parow, Gr. Kädingshagen u. a. O.
113. Bl. glaucum, Koch. — Auch aufrecht. — Am Strande u. a. v. a. O.
114. Bl. rubrum, Rehenbch. — Vorstädte u. a. O.

64. Blysmus, Panzer.
Unterscheidet sich von Scirpus durch die unterwärts erhartenden (nicht bis auf den Grund abfallenden) Griffel, wodurch die Frucht pfriemenförmig-geschnäbelt erscheint.
115. Bl. compressus, Panz. — Scirpus compr., Pers. Schoenus compr., Linn. Carex uliginosa, Linn. (!) Gramen cyperoides - spica compressa, Plukenet. — Tribs. Feld, Frankenweide, Strand u. a. O. Am Deviner See in Menge.
β. multiflorus, F. — Ähre doppelt-zusammengesetzt. — Mit der Hauptform; viel seltner.
116. Bl. rufus, Link. — Scirpus rufus, Schrad. Schoenus rufus, Huds. — Frankenweide (von mir nicht wiedergefunden). Barth: Barthewieseu. Lassan: Weide: Wiese vor dem Bauerberg. Rügen.

65. Botrychium, Swartz.
117. B. Lunaria, Swartz. — Osmunda Lun., Linn. Lun. minor, Fuchs. Lun. botryitis —, Clusius. — Kugelblumg; sonst auf der vormal. Langendorfer Heide sehr häufig. Barhöut. Greifswald. Lassan: Papenberg. R: auf den Höhen an der Wamper Wick neben dem Wege nach Drigge. Stubnitz.

118. **B. rutaceum**, Swartz. -- B. matricariaefolium, Al. Braun. Lunaria minor rutaceo folio, C. Bauh. (?) — Sonst auf der vormal. Langendorfer Heide, selten.

66. **Brassica.** Braunfels. Linn.

119. **Br. campestris**, Linn. Früher in Neu-Vorpommern (nach Weigel) häufig: jetzt, bei dem häufigen Anbau, von der wieder verwilderten Pflanze nicht zu unterscheiden.

Br. Napus, Linn. und **Br. nigra**, Koch. — Häufig verwildert.

67. **Brachypodium.** Pal. Beauv.

120. **Br. silvaticum**, Röm. u. Schult. -- Festuca silvatica, Huds. Bromus pinnatus β. Linn. — H. Graben, Andershöfer Strand, Niederhof; Lüssow, am Seeufer; Negast, Abtshagen. Parower Kiefern. Demmin: Devenscher Holz. R: Ufer am Nesebanzer Strande: Stubnitz.

121. **Br. pinnatum**, Beauv. Bromus pinnatus (α.), Linn. Rügen.

68. **Briza**, (Dodon.) Linn.

122. **Br. media**, Linn.

69. **Bromus**, (Fuchs.) Linn.

123. **Br. arvensis**, Linn. — Demmin. Juctam. — Wilke u. Weigel haben wohl Br. mollis dafür angesehen, dessen sie gar nicht erwähnen.

124. **Br. asper**, Murr. — Abtshagen, im diesseitigen Walde neben der Chaussee.

125. **Br. mollis**, Linn. — Die zwergige Form mit einem od. wenigen Ährchen, oft nur fingerhoch (Br namus, Weigel. Obs.) sehr häufig: Frankenweide, Barther Landstrasse.

β. calvus, F. — Klappen und untere Spelzen unbehaart, von kleinen, borstenförmigen Spitzen rauh. — Knieperwall u. a. O.

126. **Br. secalinus**, Linn. — Von den Varr. bei Koch fand ich hier nur flgg. 2:

α. vulgaris, Koch (Var. γ.).

β. grossus, Koch (Var. α.).

γ. divaricatus, F. — Rispe zur Fruchtzeit aufrecht od. an der Spitze ein wenig nickend: die obersten Äste abstehend oder aufrecht-abstehend; die längeren unteren Äste wagerecht-abstehend od. rückwärts-spreizend oder herabgeschlagen. Ährchen 5—8blüthig, getrocknet leicht zerfallend, zur Fruchtzeit sehr locker mit einander nicht od. kaum berührenden Blüthen; untere Spelze fein-rauh, zur Fruchtzeit kürzer als die obere. Granne verschieden: bald kaum hervorragend, bald länger und bisw. fast so lang als die Spelze. Halmknoten von rückwärtsabstehenden Haaren kurzhaarig, fast doppelt so lang als bei der Hauptform. — Abtshagen, im diesseitigen Walde auf einer Lichtung am Fusssteige nach Windebrak. — Vielleicht eigene Art.

127. **Br. sterilis**, Linn. — Festuca avenacea sterilis elatior, C. Bauh. — Wälle, Vorstädte u. a O.

128. **Br. tectorum**, Linn. — Dänholm: sonst um Str. äusserst selten. Demmin, häufig. Juctam.

Andere Arten sind mir im Gebiet nicht vorgekommen, obwohl **Br. inermis** (Leyser) nach Schmidt gemein ist.

70. **Bryonia**, Tragus. Tournef.

129. **Br. alba**, Linn. — Vitis alba baccis nigris, Castor Durantes. — Vorstädte, Devin u. a. O. Lassan.

β. monoclina, F. — Blüthen in verlängerter Traube Ibettig, die obersten weiblich. — Frankenvorstadt.

71. **Bupleurum.** Dodon. Tournef.

130. **H. tenuissimum.** Linn. — B. angustissimo folio, C. Bauh. — Frankenweide. R: Wampen.

72. **Butomus.** Caesalp. (-os). Tournef.

131. **B. umbellatus.** Linn. — Frankenteich, Knieper-Mühlengraben u. a. O.

73. **Cakile**, Anguillara. Tournef,

132. **C. maritima**, Scop. — Bunias C. Linn Eruca maritima, Hist. Lugd. -- Franken- u. Andershöfer Strand, Dänholm u. a. O. Hiddensee. R: Altenfähr, am nördl. Strande, u. a. O.

74. **Calamagrostis.** Lobel. Adans.

133. **C. arundinacea**, Roth. — C. silvatica, De C. Agrostis arundin., Linn. Gramen arundinaceum montanum, Tabern. — Rügen.

134. **C. epigeios**, Roth. — Arundo ep., Linn. — H. Graben u. a. O. Demmin. Auch an feuchteren Orten: Ufer am Strande nach Devin. R: Altenfähr. — Die Granne aus der oberen Hälfte der Spelze, von der Mitte des Rückens bis an die Ausrandung, hervorgehend.

β. katatheros, F. — Granne aus der unteren Hälfte des Rückens hervorgehend, und, wenn die meisten od. viele Blüthen dem Grunde nahe begrannt sind, bisweilen fehlend. Halme meist etwas überhangend und höher (3-6' hoch), schlanker, weniger rauh. Rispe schwächer gelappt und weniger gelappt: Ährchen mehr oder minder gleichmässig zerstreut. Von C. Halleriana (De C.) durch die reichblüthigere Rispe und die an der Spitze zusammengedrückt-rinnig-pfriemenförmigen Balgklappen sofort zu unterscheiden. — Auf feuchtbarerem, etwas feuchtem Waldboden: in der Nähe des Vogelsangs an der Barther Landstrasse und am Wege von da nach Gr. Ködingshagen; Negast, am inneren Rande des die Schonung in der Nähe des Sees umgebenden Waldsaums.

135. **C. lanceolata**, Roth. — Arundo Calamagrostis, Linn. — Am Vogelsang u. a. v. a. O.

136. **C. neglecta**, Fl. Wett. — Arundo negl., Ehrh. C. stricta, Spreng. Arundo stricta, Timm. — Lassan: im rothen Moor (Heinrich). Rügen.

75. Calamintha. (Fuchs.) *Rivin.*

137. **C. Acinos,** Clairv. — Thymus Ac., Linn. Acinos,
Lacuna. — Frankenweide, Ufer unweit Franzenshöhe,
Deviner Ort u. a. O. Demmin. Lassan.

Calendula officinalis, Linn. — Oft verwildernd.

76. Calla, *Linn.*

138. **C. palustris,** Linn. — Arou palustre, Gesner. —
Negast: am See, selten; alter Torfstich vor Brandshagen.
Lassau: am Muhlenteich.

77. Callitriche, *Columna. Linn.*

139. **C. autumnalis,** Linn. — In flacherem stehen-
den Wasser, bei niederem Wuchs, tauchen die Spitzen
der Äste oft senkrecht hervor, bilden aber niemals eine
schwimmende Rosette. — Franken - u. Knieperteich,
Kupfermühlenteich, Knieper-Mühlengraben (in Menge)
u. -Mühlenteich. Mühlengraben oberhalb Garbodenhagen,
Burgwallsee. *Lassau.*

140 **C. stagnalis,** Scop. — C. verna β. Linn. Fl. suec.
II. Spec. II. C. palustris α. minima, Linn. Spec. I: „foliis om-
nibus subrotundis." — Graben an der Barther Landstrasse,
an der Chaussee nach Negast u. a. O.
β. coenosa, F. — Stengel und Blätter kürzer, letztere
an der Spitze der Äste nicht rosettenförmig-gedrängt.
Deckblätter kaum ½ so lang als die Frucht, mit fast
gerader Spitze; die Griffel bald verschwindend. — An
ausgetrockneten und nassen Orten, Gräben und Waldwegen: Negast; Abtshagen.

141. **C. verna** (α.), Linn. Fl. suec. II. Spec. II. —
C. palustris γ. nataus, Linn. Spec. I. — Um Str. sehr häufig,
z. B. an der Allee neben der Herrenwiese, Kramerhof
u. s. w. — Die Merkmale der 3 von Kützing hieraus
gebildeten Arten fand ich unbeständig: namentlich hängt
das Bleiben od. baldige Verschwinden der Griffel, ja,
sogar die Gestalt der Frucht von der durch die fort-
schreitende Jahreszeit verursachten grösseren od. gerin-
geren Menge und Reinheit so wie von der höheren od.
niederen Temperatur des Wassers ab. — Beim Aus-
trocknen des Wassers wurzelt der Stengel in Boden,
treibt kürzere Glieder und lauter verkehrt - ei - spatelför-
mige Blätter; alsdann kann die Pflanze leicht für C.
stagnalis angesehen werden.
β. coenosa, F. — Stengel aufstrebend, nebst seinen
Gliedern u. den Blättern kurz; letztere sämmtlich gleich,
elliptisch-lineal, am Grunde schmaler, an der Spitze ausgerandet, od. gestutzt oder stumpf (¼ — ⅜" lang), mit
einfachem Mittelnerv; die Griffel aufrecht, noch an den
fast reifen Früchten vorhanden. — Ins Wasser gepflanzt
ging sie in die Hauptform zurück. — An ausgetrockneten und nassen Orten: Weiher neben der Chaussee
nach Pantlitz, jenseit des Langendorfer Torfmoors;
Negast.

78. Calluna, *Salisb.*

142. **C. vulgaris,** Salisb. — Erica vulg., Linn. Tragus.
— Negast u. a. v. a. O.

79. Caltha, *Tragus. Rupp.*

143. **C. palustris,** Linn. Dodon. — Trägt bis 18
(20?) Balgkapseln.

80. Camelina, *Dodon. Crantz.*

144. **C. dentata,** Pers. — Myagrum sativum γ. Linn.
Spec. II. — Auf Leinfeldern.

145. **C. sativa,** Crantz.
α. pilosa, De C. — Myagrum sativum (α), Linn. M. silvestre, C. Bauh. — Deviner Ort, Voigdehagen, Negast.
β. glabrata, De C. — Myagrum sativum β. Linn. M. sat.,
C. Bauh. — Gebaut; in den Vorstädten u. a. O. wie
wildwachsend.

81. Campanula, *Fuchs. Tournef.*

146. **C. glomerata,** Linn. — C. pratensis flore conglo-
merato, C. Bauh. — Ufer des Deviner Orts, Niederhof.
Tribsees: Plenniner Laubholz. Demmin: Devensche
Holz. Greifswald. *Lassau: Pulow.*

147. **C. latifolia,** Linn. — C. maxima foliis latissimis,
C. Bauh. — H. Graben, Andershöfer Strand, Zimkendorf,
Abtshagen u. a. O.

148. **C. patula,** Linn. — An der Chaussee bei Grünhufe u. bei Steinhagen; Voigdehagen, Lüssow, Pütte,
Negast u. a. O.

149. **C. persicifolia,** Linn. — C. persicaef., Clusius. —
Ufer am Deviner Ort und bei Lüssow. Demmin: Devensche Holz. *Lassan: Bauerberg.* **R:** Ufer am Strande
bei Nesehanz. *Stubnitz.*

150. **C. rapunculoides,** Linn. — C. hortensis Rapun-
culi radice, C. Bauh. — Knieperstrand u. a. v. a. O.

151. **C. rotundifolia,** Linn. Jo. Gerard.

152. **C. Trachelium,** Linn. — Trach. majus. Dodon.
— H. Graben, Barther Landstrasse u. a. v. a. O.

82. Cannabis, *Brunfels. Tournef.*

153. **C. sativa,** Linn. Fuchs. — In der Frankenvorstadt
vollkommen eingebürgert.

83. Capsella, *Ventenat.*

154. **C. Bursa pastoris,** Mönch. — Thlaspi B. p.,
Linn. Bursa p. prima, Tragus.

84. Cardamine, *Dalech. Tournef.*

155. **C. amara,** Linn. — Nasturtium — amarum, C. Bauh.
— Porower Park; Deviner Wiesen: am Fliess in der
Nähe der Chaussee; Niederhof; bei Negast und Pennin
am Abzugsgraben der Krummenhäger Sees.

156. **C. hirsuta,** Linn. — Sisymbrium cardamine hirsutum — , J. Bauh. — **R:** *Stubnitz.*

157. **C. pratensis,** Linn. — Nasturtium pratense, Tragus.

158. **C. silvatica,** Link. — ☉ u. ♂. Blüht vom April
bis in den Herbst, und zwar wiederholt aus später trei-
benden Nebenstengeln, zuerst und zuletzt oft heimlich.

3

— Abtshagen, im diesseitigen Walde am Fussteige nach
Windebrak.

85. *Carduus*, *Dalech.* *Vaill.*

159. **C. acanthoides**, Linn. (J. Bauh.) — Um die
Franken- u. Tribs. Vorstadt.

160. **C. crispus**, Linn. — C. caule crispo, J. Bauh.

α. incanus, F. — Meist grösser (2—8' hoch) u. ästiger.
Blätter unterseits von dünnerem wolligen Filze grau-
lich, oberseits ziemlich kahl, die untersten filzlos: Blattzipfel breiter, schwächer gelappt. — Vorstädte, Wälle,
Brunnenaue u. a. O.

β. albidus, F. — Kleiner (1—3' hoch), weniger ästig
als die v. Var. oder mit ganz einfachem Stengel. Blätter
unterseits von dichterem wolligen Filze weisslich, oberseits von gekräuselten Haaren ziemlich dicht-flaumig:
Blattzipfel schmaler, meist stärker gelappt. — Knieper-
Vorstadt: an der Allee zum Strande; Tribs. Vorstadt;
Andershof, Kl. Kordshagen u. a. O.

161. **C. nutans**, Linn. J. Bauh. — Devin, Lüssow,
Langendorf. Kädingshagen u. a. O.; auf dem hiesigen
Stadtfelde äusserst selten. — Kommt auch niedrig, 1-
köpfig vor. **R:** Wampen.

Bastarde:

159 + 160. **C. acanthoidi-crispus**, F. — Durch
die zahlreicheren, längeren und stärkeren Dornen und
die obersten, gleich-breiten Blätter wie C. acanthoides;
die unteren und mittleren Blätter aber breiter, fast elliptisch, minder tief getheilt, unterseits dünn wollig-filzig,
die untersten filzlos; die Blattadern unterseits deutlich
hervortretend, nach der Spitze hin beträchtlich verdickt.
Blüthenstand und Köpfchen wie bei C. crispus, die Blüthenstiele kurz, dornig. — Einmal von mir gefunden
an der Tribs. Vorstadt.

159 + 161. **C. acanthoidi-nutans**, Koch. —
Chaussee bei Langendorf u. bei Andershof.

161 + 159. **C. nutanti-acanthoides**, Koch. —
Andershof: einmal von mir gefunden.

86. *Carex*, Lonicer. Dillen. (emend.)

C. acuta α. nigra, Linn. Spec. (Var. β. Fl. suec. —
Car. nigra verna vulgaris, Fl. lapp.) ist jetzt allgemein als
C. vulgaris (Fries) anerkannt. C. acuta β. rufla, Linn. Spec.
(Var. α. Fl. suec. — Car. maxima, spicis plurimis [!] remotis
longis, Fl. lapp.) kann sich nach dem Cit. aus Royen („spi-
eis masc. superioribus numerosis" [!] cet.) füglich nur auf
C. riparia (Curt.) beziehen, obwohl auch C. paludosa (Good.)
darin begriffen sein möchte. — Wenn nun mit der Var.
α. und β. die Art erschöpft sein muss, so lässt sich auch
aus den Worten der Spec. in der Haupt-Diagnose: „cap-
sulis obtusiusculis" kein Grund hernehmen, noch eine dritte
Art in der C. acuta unterzubringen, und es scheint daher
unumgänglich, hier von den L.schen Namen abzustehn
und anerkannt sichere dafür zu gebrauchen, nämlich C.
gracilis, C. paludosa, C. riparia, C. vulgaris.

162. **C. ampullacea**, Good. — C. vesicaria γ. Linn.
Spec. — Andershöfer Strand, Voigdehäger Moor, Negast
u. a. v. a. O. Lassan.

163. **C. arenaria**, Linn. — Gramen cyperoides — in
arenosis nascens, Plukenet.

β. abnormis, F.' — Grösser und kleiner. Ährchen
zahlreich od. wenige: untere weiblich, mittlere und obere
mannweiblig, an der Spitze männlich (keine od. nur das
oberste ganz u. gar männlich). Übrigens wie die Hauptform und (auf besserem Sandboden wahrscheinlich überall) mit ihr. — Kugelfang, Chaussee bei Langendorf,
Devin. **R:** Wampen, besonders in den Kiefern.

γ. ligeriana, F. — C. ligeriana, Gay. C. repens, Bellardi
(der älteste Name). — Kleiner, schwächer. Ährchen
wenige. Früchte schmaler u. schmaler-berandet. Sonst
wie β. — Auf tieflockerem, unfruchtbarem Sande. **R:**
Wampen, am Wege nach Drigge.

164. **C. axillaris**, Good. — Greifswald (wenn die
Angabe nicht etwa auf einer Verwechselung mit C.
remota β. aprica beruht).

165. **C. biformis**, Schultz Fl. starg. — Deckschuppen
weiss-berandet.

α. sterilis, Schultz. — Angeblich C. fulva, Good., wobei
jedoch die Länge der Deckblätter nicht ganz zutrifft. C.
Hornschuchiana-flava, Garcke (?). — Gelblich-grasgrün.
— Männl. Ähre 1, seltener deren 2; weibliche 2—4: obere
Deckblätter die nächst-obere Ähre erreichend oder überragend (das 2te erreicht od. überragt bisw. die endständige Ähre, das 4te erreicht etwa den Grund des näch-
sten Blüthenstiels). Früchte durch Verkümmerung der
Nuss leer oder fast leer, in der Mitte oft zusammengezogen, gelblich-grün, nebst den Deckblättern bis tief in
den Sept. frisch u. unverändert. Halm mehr od. minder
rauh. — Ist das Erzeugniss eines trockneren, wärmeren,
minder fruchtbaren Bodens, eigentlich eine Ausartung,
da sie nicht od. doch äusserst selten keimfähigen Samen
trägt: einzelne Halme u. weibl. Ähren, auch einzelne
Früchte dieser Form finden sich an Übergangsorten auf
der Wurzel der flg. Var. (u. umgekehrt), und wenn es
begründet ist, dass bei letzterer die Ausläufer sich mehr
entwickeln, so ist das eine Erscheinung, welche die
Gräser bei verschiedenem Standorte nicht selten zeigen.
Mit C. flava (Linn.) hat sie keine Ähnlichkeit. — Voigdehäger Moor, selten; Negast, häufig am Rande der
Wiesenfleeke in den jungen Kiefern, auf der vormal.
Heide, wo der Boden sich zur Heide erhebt; auf dem
eigentlichen Wiesenboden daselbst wächst die flg. Var.
sehr häufig.

β. fertilis, Schultz. — C. Hornschuchiana, Hoppe. — Dun-
kel-grasgrün, fast lauchgrün. Männl. Ähre 1, sehr selten deren 2; weibll. 1—3: obere Deckblätter die nächst-
obere Ähre oft nicht erreichend. Früchte von der vollkommen ausgebildeten Nuss fast ausgefüllt, dunkelgrün,

bei der Reife graubraun; die Deckblätter zu dieser Zeit vertrocknet. Halm oft minder rauh als an der v. Var., jedoch fand ich ihn an der Spitze niemals glatt und bisw. — wenn auch selten — sogar unter der untersten (3ten) weibl. Ähre noch merklich rauh. Schkuhr Car. tab. T. No. 67. *Fig. links.* — Voigdehäger Moor, Negast; Abtshagen, im Heller. Lassan : Wiese bei Waschow.

166. **C. brizoides**, Linn. — *Anclam.*

167. **C. canescens**, Linn. — Devin, Zarrendorf, Negast, Lüssow u. a. O. Lassan.

168. **C. chordorrhiza**, Ehrh. — Negaster Moor.

169. **C. Davalliana**, Smith. — Die männl. Ähre findet sich auch bisw. mit einigen unterwärts od. in der Mitte eingemischten weibll. Blüthen. — *Rügen.*

170. **C. digitata**, Linn. — Gramen — panicula forma pedum avium, J. Bauh. — Abtshagen, im jenseitigen Walde westlich von der Chaussee. **R :** Granitz.

171. **C. dioica**, Linn. — Die Blätter sind nach der Spitze hin am Rande oft rauh. — Negaster Moor. *Anclam.* Lassan : Wiese bei Waschow. — Bei Negast a. a. O. auch die Form mit einigen in die männl. Ähre unterwärts eingemischten weibll Blüthen ; selten.

β. brachycarpa, F. — Früchte kürzer (³/₁ so lang) in einen merklich kürzeren Schnabel kurz-zugespitzt. — Negast: Wiese in der südwestl. Gegend der vormal. Heide, in der Nähe des Laubwaldes und der Scheide gegen Seemühl; häufig. Wo die Pflanze sich dort dem Heideboden nähert, gelangen die Früchte grossentheils nicht zur vollkommenen Ausbildung.

172. **C. distans**, Linn. Syst. X. — Cyperoides spicis parvis longe distantibus, Rajus. — Deckschuppen am Rande ein wenig blasser, aber nicht weiss. — **R :** Wiesen an der Südseite des Wampen.

173. **C. disticha**, Huds. — Mittlere, männll. Ährchen oft sehr zahlreich (bis 35 u. mehr).

β. abnormis, F. — Mittlere und obere Ährchen manuweibig, an der Spitze männl. Bisw. sind die seitenständigen Ährchen sämmtlich weibl. und nur das endständige mannweibig od. männlich. Ähren mit wenig zahlreichen Ährchen kommen auch ganz ohne männliche Blüthen vor. — Tribs. Feld, Andershöfer Strand u. a. O.

174. **C. divulsa**, Good. — Negaster Moor, sehr selten.

175. **C. elongata**, Linn. — Gr. Kädingshagen, Faningsberg, Negast, Abtshagen, Brandshagen. Lassan : rothes Moor. — Auf einzelnen Halmen findet sich (bei Negast) eine Abweichung: untere Ährchen allmählig weiter entfernt, das unterste mit einem blattigen, die Spitze der Ähre erreichenden od. überragenden Deckblatt.

176. **C. ericetorum**, Pollich. — Devin : Rauhe Berg; Sandhagen, am Wege nach Zarrendorf neben dem See; Martensdorf. Demmin. Lassan : Weide; Pulow. **R :** Wampen.

177. **C. extensa**, Good. — Hiddensee. **R :** *Wittow.*

178. **C. filiformis**, Linn. — Negaster Moor, Brandshagen, Martensdorf. *Greifswald: Hohenmühl. Anclam.* Lassan : Wangelkow.

179. **C. flava**, Linn. — Voigdehäger Moor, Negast, Martensdorf u. a. O. Lassan : Vorwerk, Waschow, Klotzow.

β. minor, F. — Halme niedriger (3—9″ hoch), dünner. Ähren u. Früchte kleiner. Wurzel wenighalmig. — Torfige Wiesen und Triften : Negaster Moor ; Parower Aussenkoppel u. a. O.

γ. refracta, F. — Halm an der obersten od. der 2ten weibl. Ähre, seltner an der männl. Ähre (oft rechtwinkelig, bisw. 2mal) zurückgebrochen.

Vielleicht sind hier 2 noch nicht hinreichend unterschiedene Arten vereinigt: *Die eine*, welche der Abbildung bei Schkuhr Car. tab. II. no. 36. entspricht, ist um Stralsund äusserst selten; in wiefern die Pflanzen der Lassaner Gegend zu ihr gehören, vermag ich jetzt nicht zu ermitteln. *Die andere*, hier sehr häufige, würde in der Abbildung bei Schkuhr Car. tab. F. no. 26. (mit Ausschluss der mittelsten Figur) dargestellt sein und die hier aufgezählten *Varr.* mit umfassen: sie trägt meist 2—4 weibll. Ähren, deren unterste bisw. zusammengesetzt ist; die Früchte sind von verschiedener Grösse, meist kleiner als bei jener; ihr Schnabel ist glatt od. beiderseits am Rande von Höckerchen ein wenig rauh, aber nicht „fein-gesägt-rauh‟, kürzer als bei ersterer und weniger stark zurückgebogen (bei jener steht er an den unteren Früchten abwärts-senkrecht od. an den untersten rückwärts-zusammenneigend). Der C. lepidocarpa, Tausch (bei Bluff u. Fing.) entspricht die 2te Form nicht; aber sie gilt vermuthlich bald für C. flava, bald für C. Oederi, obwohl letztere in ihrer ausgeprägtesten Form bisw. dicht neben jener steht und von ihr wie von allen heimischen Arten durch die Dauer ihrer Blühzeit verschieden ist. Welche von beiden endlich die wahre C. flava (Linn.) sei? Doch wahrscheinlich die 2te!

180. **C. glauca**, Scop. — (C. limosa, Linn. It. gotl.) — Fruchtähren sehr oft aufrecht. Blüthen oft proliferirend: der Fruchtknoten verwandelt sich in ein den Schnabel der Fruchthülle durchbrechendes Ährchen. — Ufer am Knieperstrande; bei Faningsberg, Abtshagen u. a. v. a. O. Lassan : Vorwerk, Waschow.

181. **C. gracilis**, Curtis. — C. acuta, Autor., aber entw. nicht Linn. (s. oben unter dem Gattungsnamen), oder sonst unter dessen Var. *α.* nigra mitbegriffen, — Am Strande nach Devin, selten; Strasse am Vogelsang neben dem Wege von Grünhufe nach Gr. Kädingshagen. Lassan.

182. **C. hirta**, Linn. — Häufig proliferirend (wie C. glauca). — Barther Landstrasse, Heide bei Gr. Kädingshagen u. a. v. n. O.

β. denudata, F. — Blätter und Scheiden kahl od. letztere oberwärts auf der vorderen Seite etwas behaart. — An nassen Orten: Wiesen an der Nordseite des Andershöfer Teichs.

183. **C. laxa,** Wahlenbg. — *Loitz: Trantower Moor (?).*

184. **C. leporina,** Linn. — Kugellang, Negast u. a. v. a. O. Lassau.

β. argyroglochin, Koch. — C. argyr., Hornem. — Niederhof: Park.

185. **C. limosa,** Linn. · Negaster Moor; Abtshagen, im Heller. Lassau: Sumpf am Wege nach Klotzow.

186. **C. loliacea,** Linn. — *Greifswald.*

187. **C. maxima,** Scop. — **R:** Stubbenkammer.

188. **C. montana,** Linn. — Cyperoides montanum —, Scheuchz. — Tribsees: Pleminer Laubholz.

189. **C. microstachya,** Ehrh. — *Greifswald: Kieshöfer Moor.*

190. **C. muricata,** Linn. (nach Smith. Vgl. bei C. stellulata.) — II. Graben, Knieperstrand u. a. v. a. O., auch in den Vorstädten.

β. brachycarpa, F. — Früchte eiförmig, kurz-zugespitzt, am Grunde vielnervig, nur ²₋₃ so lang als gewöhnlich. Wand des (falschen) Fruchtgehäuses gleichdick, nicht, wie bei der Hauptform, am Grunde innen korkig-verdickt. — **R:** Wampen, auf der Höhe und am südl. Abhange.

191. **C. Oederi,** Ehrh. — Blüht vom Mai bis Oct. Weibll. Ähren 1—7, meist 3—5, die unteren oft (mit 1—5 Nebenährchen) am Grunde zusammengesetzt; die unterste nicht selten weit-entfernt, fast grundständig, lang-gestielt. — Auf dem vormal. Kl. Paschenberg; Negast: in den Wiesen am See, wo der Rasen ausgestochen; Ufer des Borgwallsees; Parower Aussenkoppel; Prohner Trift; Voigdehäger Moor; Zarrendorfer Hride; Lassau.

192. **C. palleseens,** Linn. — Hat bisw. 2 Nüsse in einer Frucht. — Negast, Abtshagen, Niederhof u. a. O. Lassau.

193. **C. paludosa,** Good. — C. rufa, Gaud. — Männl. Ähren 1—4, selten 5, 6. — An den Teichen; Andershöfer Strand, Barther Landstrasse, Lüssow, Negast u. a. v. a. O.

β. attenuata, F. — Halm sehr dünn, aufrecht. Deckblätter sehr schmal. Endständige Ähre männl. od. weibl. od. mannweiblig; die seitenständigen sämmtlich weiblich, lockerblüthig od. am Grunde entfernt-blüthig. Deckschuppen oft lang-begrannt od. blattig. — Barther Landstrasse, mit der gewöhnl. Form; Wiese bei Kl. Kordshagen.

γ. polygama, F. — Die typisch weibll. Blüthen zwitterig: die Mündung der Blüthenhülle durch die sich hervordrängenden Staubbeutel merklich erweitert. Ob fruchttragend? — Lassau: Weide (Heinrich).

194. **C. panicea,** Linn. — Wiesen am Vogelsang, Parower Aussenkoppel u. a. v. a. O. Lassau.

195. **C. paniculata,** Linn. — Andershöfer Strand, Niederhof. Gr. Küdingshagen, Negast u. a. O. Lassau: Vorwerk, Waschow. — Kommt auch vor mit einer aus einfachen Ährchen gebildeten Ähre, nicht rispig.

196. **C. paradoxa,** Willd. — Negaster Moor. Tribsees: Recknitzmoor zwischen Pleminn und Marlow. Lassau: Weide; Waschow, beim Fischerhause.

197. **C. pilulifera,** Linn. — An der Sandgrube im Tribs. Felde, Voigdehagen. Negast, Abtshagen, Martensdorf u. a. O. Lassau: Weide, Buggeninagen. **R:** Wampen.

198. **C. praecox,** Jacq. — Blüht bis Mitte Jun. — Kugelfang, an den Chausseen u. a. v. a. O. Lassau: Bauerberg.

β. reflexa, Hoppe (als Art). — Halm an der untersten Ähre stumpfwinkelig-zurückgeknickt. — Kugelfang, Devin.

199. **C. Pseudo-Cyperus,** Linn. — Pseudocyp., Dolon. — Um den Vogelsang; Negast, Voigdehagen, Niederhof u. a. O. Lassau: Silberkuhl. **R:** Wampen.

200. **C. pulicaris,** Linn. — Cyperoides pulicare, Christoph. Metret. — Voigdehäger Moor; am See bei Sandhagen; Negast: am Fussteige in den Wald n. häufig auf einer Wiese im südwestl. Theil der vormal. Heide. Greifswald: Grubenhäger Torfmoor. Lassau: Bruch beim Waschower Fischerhause.

201. **C. remota,** Linn. — Dunkelgrün, fast blaugrün. — Niederhof: Abtshagen, häufig. *Inetam.* Lassau: Waschow, beim Fischerhause.

β. aprica, F. — Gelblich-grasgrün. Halme gerade, aufrecht od. aufsteigend. Deckblätter abstehend. — An lichten, sonnigen Orten. Abtshagen, im diesseitigen Walde am Seitenwege zu den Steinhäger Bauerhöfen. Demmin: bei Vorwerk am südl. Rande der Peenewiesen. — Nicht mit C. axillaris zu verwechseln!

202. **C. riparia,** Curt. — C. rufa. Lamck. C. acuta β. rufa, Linn. Spec. (s. oben unter dem Gattungsnamen). C. vesicaria, Linn. Fl. suec. (mit Ausschl. der Var. β.) — wenigstens nach der Cit. Michel. gen. pag. 57. (no. 10. 11.) tab. 32. fig. 6. 7. — An den Teichen, um den Vogelsang; Barther Landstrasse; Niederhof u. a. O. Lassau.

β. attenuata, F. — Halme sehr fein, an der Spitze oft überhängend. Weibll. Ähren entfernter und kürzer als bei der gewöhnl. Form. — Chausseegraben neben Grünthal.

203. **C. silvatica,** Huds. — C. vesicaria β. Linn. mit Ausschl. des Cit. aus der Fl. lapp. Gramen cyperoides silvarum —, Rajus. — Negast, Abtshagen. **R:** Stubnitz.

204. **C. stellulata,** Good. — C. muricata, Linn. nach

Wahlenbg: sehr wahrscheinlich richtig nach dem Cit. aus Mich. bei Linn. (bei Letzterem unrichtig fig. 11. für fig. 12?). — Schlachterweide; Gr. Kädingshagen am südl. Rande der Heide: Negast, Zarrendorf u. a. O. Lassan: Waugelkow.

β. refracta, F. — Spindel zur Fruchtzeit an dem untersten od. 2ten Ährchen und bisw. noch zum 2ten Mal an einem oberen Ährchen (oft rechtwinkelig-) zurückgebrochen. — Negast.

205. **C. strieta,** Good. — C. caespitosa, Linn. nach Gay, und diese Ansicht scheint richtig nach L.s Worten: „Hab. in paludibus, ubi caespitum instar turfos et fasciculos grate virides maximosque constituit", Fl. suec. Auch Wilko u. Weigel haben L.s Namen von dieser Art verstanden. — Am Knieper-Mühlengraben u. a. v. a. O.

β. rostrata, F. — Früchte in einen hinterseits etwas gespaltenen Schnabel zugespitzt, der 2—3mal so lang als breit ist. Halm glatt! — Negast, am Rande des Sees, selten.

206. **C. teretiuscula,** Good. — Negaster und Voigdehäger Moor, Martensdorf u. a. O. Lassan: bei der Schleuse; im rothen Moor; im Waschower Torfmoor.

207. **C. vesicaria,** Linn. mit Ausschl. der beiden Varr. — Cyperoides vesicarium —, Scheuchz. — Kupferwiese, Parow u. a. v. a. O. Lassan.

208. **C. vulgaris,** Fries. — C. acuta α. nigra, Linn. Spec. (S. oben unter dem Gattungsnamen.) C. caespitosa, Good. u. der Ögg. Autoren bis auf Fries. — Der methodisch richtige Name wäre C. nigra, ist aber von Allion. schon einer andern Art beigelegt worden. — Eine sehr veränderliche Art: Höhe von ¼—2', ¼; bei hohem Wuchs oft das unterste und bisw. noch das 2te Deckblatt die endständige Ähre überragend; männl. Ähre 1, seltner deren 2; weibll. 1—5, walzenförmig od. länglich od. fast rundlich; Früchte meist 6zeilig, verkehrt-eiförmig-rundlich od. verkehrt-eiförmig, auch elliptisch od. fast eiförmig, undeutlich- od. deutlich-nervig, stärker u. schwächer gewölbt; Deckschuppen stumpf, kürzer, fast nur ¼ so lang als die Frucht, oder spitzlich, spitz und oft stachelspitzig, fast so lang od. länger (bisw. fast bis 2 mal so lang) als die Frucht. Manche dieser Formen nähern sich der C. gracilis, andere der C. stricta.

Eine mehr abweichende, seltne Form (die ich mir als **C. pleouandra** bezeichnet habe) trägt sehr gedrungene Ähren: *männliche* 2—4, lanzettförmig-lineal, die seitenständigen lanzettförmig, die unterste fast immer mit einem blattigen, die Ähre meist überragenden Deckblatt gestützt; *weibliche* 1, 2 (selten 2½: die dritte nämlich oberwärts männlich), walzenförmig, sitzend od. die unterste kurz-gestielt: Deckblätter blattig, am Grunde beiderseits häutig-kurz-geöhrt, die endst. Ähre oft überragend, das unterste am Grunde oft umfassend od. fast scheidig; Deckschuppen sehr stumpf, kürzer als die

Frucht; Früchte abgerundet-stumpf, beiderseits gewölbt, am Rücken 5—7nervig, 8zeilig und mehr abstehend als bei den übrigen Formen, daher die Ähren dicker.

209. **C. vulpina,** Linn. — Kupferwiese, Barther Landstrasse u. a. v. a. O.

β. nemorosa, Koch. Lassan: beim Waschower Fischerhause (Heinrich).

87. **Carlina,** Dodon. Tourncf.

210. **C. vulgaris,** Linn. — C. silvestris vulg., Clusius. — Kugelfang, Barther Landstr. u. a. O.

88. **Carpinus,** Dodon. Tournef.

211. **C. Betulus,** Linn. — Bet. und Carp., Lobel. — Rügen.

89. **Carum,** Dodon. Riciu.

212. **C. Carvi,** Linn. — Carvi, Loniccr. — Am Knieper-Mühlengraben u. a. O.

90. **Centaurea,** Caesalpin. Linn.

213. **C. Cyanus,** Linn. — Cyanus, Fuchs. — Auch mit weisser Blumenkrone.

214. **C. Jacea,** Linn. — Jacea nigra, Gesner. — H. Graben, Barther Landstrasse u. a. v. a. O.

215. **C. maculosa,** Lamck. — *Lassan: am Papenberg.*

216. **C. Scabiosa,** Linn. — Scab., Brunfels. — Barther Landstrasse u. a. O., häufig; selten mit weisser Blumenkrone. **R:** Altenfähr.

91. **Centunculus,** Dillen. (Eur. Cordus.)

217. **C. minimus,** Linn. — Alsine palustris minima —, Christ. Mentzel. — Langendorf, Martensdorf: von Borgwall über Pennin bis auf die Negaster Äcker; zwischen Sandhagen und Neu-Lüssow; Teschenhagen. — Oft mit Radiola, Juncus capitatus u. Hypericum humifusum.

92. **Cephalanthera,** Richard.

218. **C. grandiflora,** Babingt. — Serapias grand., Linn. Spec. XII. (? Nach dem Cit. aus Haller — hist. no. 1298. - hat er, wie Letzterer, wahrscheinlich C. Xiphophyllum hiermit verbunden.) Ceph. pallens, Rich. — **R:** Stubnitz.

219. **C. rubra,** Rich. — Serapias rubra, Linn. — **R:** Stubnitz, Granitz.

220. **C. Xiphophyllum,** Rchbch. fil. — Serapias Xiph., Linn. fil. Ceph. ensifolia, Rich. — **R:** Stubnitz.

93. **Cerastium,** Dillen.

221. **C. arvense,** Linn. — Barther Landstrasse, Franken-Chaussee u. a. v. a. O.

222. **C. glomeratum,** Thuill. — **R:** Putbus; Jasmund.

223. **C. glutinosum,** Fries. — Hier die flg. Var.

β. palleus, Koch. — Deich am östl. Rande der Kupferwiese bei Knöchelsöhrn.

224. **C. semidecandrum,** Linn. — Kugelfang u. a. v. a. O.

225. **C. triviale,** Link.

94. **Ceratophyllum (-on),** Vaill. bot. par.

226. **C. demersum,** Linn. — Teiche, Knieper-Müh-

4

14   Ceratophyllum.

lengraben. Frankenweide; Prahuer Trift: Torfgrube.
Lassan.
   β. brevirostre, F. — Frucht am Grunde ohne Dornen
u. ohne Höcker: der endständige Dorn ', so lang als
die Frucht.   Im Strandwasser.
/. 95. *Chaerophyllum*, C. Bauh. Tourn.
227. **Ch. bulbosum,** Linn. - - Cicutaria -- bulbosa, J.
Bauh. — *Greifswald: Koltenhagen. Anclam.* **R:** *Garz.*
— Ob ursprünglich wildwachsend?
228. **Ch. temulum,** Linn. — Vorstädte u. a. v. a. O.
96. *Chelidonium*, Fuchs. Tournef.
229. **Ch. majus,** Linn. Fuchs. — Vorstädte u. a. O.
97. *Chenopodina*, Moquin-Tandon.
230. **Ch. maritima,** Moq. Tand. — Schoberia mar.,
C. A. Meyer. Chenopodium maritimum. Linn. Salsola quaedam
in maritimis, Caesalpin. — Blüthen zu 3 (selten zu 2 oder
einzeln), od. statt der beiden seitenständigen ein 2—7-
blüthiges geknäueltes Ährchen. — Frankenweide; Zingst.
Greifswald. **R:** Altenfähr, am nördl. Strande, sehr gross
— auf Kies; Drigge, in den Wiesen am Mählen.
98. *Chenopodium*, Tabern. Tournef.
231. **Ch. hybridum,** Linn. — Pes auserinus, Fuchs. —
Vorstädte, Gärten.
232. **Ch. murale,** Linn. — Frankenvorstadt u. a. O.
233. **Ch. polyspermum,** Linn. — Blitum pol., C.
Bauh. Polyspermon, Lobel.
   α. cymoso-racemosum, Koch. — Vorstädte, Gärten;
Abtshagen, in Waldwegen; bei der Cummerower Ziegelei in Gräben unfern des Waldes.
   β. spicato-racemosum, Koch. — Seltner: Vorstädte,
Gärten.
234. **Ch. urbicum,** Linn. — Sehr selten: um die
Frankenvorstadt. *Anclam.*
235. **Ch. vulgare,** F.
   α. album, F. — Ch. album, Linn. α, spicatum, Koch.
   β. viride, F. — Ch. viride, Linn. Ch. album β. cymige-
rum, Koch.
236. **Ch. Vulvaria,** Linn. — Vulv., Dalech. — *Stralsund (!). Greifswald.*
/ . 99. *Chondrilla*, Tabern. Tournef.
237. **Ch. Juncea,** Linn. Tabern. — *Lassan: Jamitzower
Mühle.* **R:** Mönehgut.
100. *Chrysanthemum*, Clus. Tourn.
Vgl. Leucanthemum u. Tripleurospermum.
238. **Chr. segetum,** Linn. — Die randständigen
Achänen sind in grösserer od. geringerer Anzahl 2flüge-
lig; sämmtlich flügellos habe ich sie bei Hunderten von
Köpfchen, die ich untersuchte, niemals gefunden.
101. *Chrysosplenium*, Tabern. Tourn.
239. **Chr. alternifolium,** Linn. — Parower Park;
Voigdehäger Trift u. a. O. Abtshagen in diesseitigen
Walde, in Menge.

240. **Chr. oppositifolium,** Linn. — **R:** *Garz.*
102. *Cichorium*, Gesner. Tournef.
241. **C. Intybus,** Linn. — Intybum agreste, Eur. Cordus. — Auch mit weisser und rosenrother Blumenkrone.
Vorstädte. Wegränder.
103. *Cicuta*, Gesner. Wepfer.
242. **C. virosa,** Linn. - C. aquatica, Gesn. Wepf. —
An den Teichen, Knieper-Mühlengraben, Vogelsang;
Lüssow, Sandhagen u. a. O. Demmin. *Lassan.*
Cineraria, Linn. — Vid. Senecio.
104. *Circaea*, Lobel. Tournef.
243. **C. lutetiana,** Linn. Lobel. — Alte Schiffswerfte: zwischen dem Bauholz; Niederhof; Pennin;
Abtshagen. in Menge; Bussiner Forst. *Lassan: Waschow.*
R: *Stubnitz.* — Am erstgenannten Ort sehr üppig: die
Stengelblätter meist sämmtlich und oft auch die unteren
astständigen Blätter am Grunde herzförmig; die untersten Blüthen bisw. mit schmal-lanzettförmigen Deckblättchen; Stengel flaumig.
105. *Cirsium*, Lobel. Tournef.
244. **C. acaule,** Allion. — Carduus acaulis, Linn. Lobel. — **R:** *Sassnitz.* — Kommt in 3, freilich nicht ganz
streng begrenzten Formen vor:
   α. vulgare, F. - - Stengel sehr verkürzt, nebst den
etwa vorhandenen Ästen daher wurzelständigen, beblät-
terten, kürzeren od. längeren Blüthenstielen gleichend.
   β. fastigiatum, F. — Stengel entwickelt (bis spanne-
hoch), vom Grunde an ästig mit ziemlich gleich-hohen
Ästen, mehr- bis vielköpfig: bis 16köpfig, in welchem
Falle jedoch in der Regel mehrere der unteren Köpfchen verkümmern. Bei geringerer Entwickelung des
Stengels bleibt ein oder der andre Ast in Form eines
wurzelständigen Blüthenstiels vom Stengel getrennt. —
Schlachterweide: vormalig. Kl. Paschenberg; Deviner
Anlagen.
   γ. elatius, F. — Stengel entwickelt (½—1½' hoch),
meist 1—4köpfig; Äste sämmtlich stengelständig, keiner
als wurzelständiger Blüthenstiel erscheinend. — Barther
Landstrasse; am Seeufer bei Lüssow; Deviner Anlagen.
245. **C. arvense,** Scop. — Serratula arvensis, Linn.
   β. vestitum, Koch (Var. δ.). — Sehr häufig.
246. **C. heterophyllum,** Allion. — Carduus heterophyllus, Linn. — Bis vor wenigen Jahren in einem seit-
dem ausgerodeten Laubgebüsch der südll. Martensdorfer
Kiefern, und zwar die Form mit vorn fiederspaltigen
mittleren Blättern: die Köpfchen einzeln, lang-gestielt.
Ob vielleicht noch im Martensdorfer „Busch" zu finden?
247. **C. lanceolatum,** Scop. — Carduus lanceolatus,
Linn. Tabern.
248. **C. oleraceum,** Scop. — Cnicus oleraceus, Linn.
— Kommt auch mit einzelnen Köpfchen vor. — H. Graben, Andershöfer Strand, Negast u. a. v. a. O.

249. **C. palustre**, Scop. — Carduus palustris, Linn. C. Bauh. — Kupferwiese u. a. v. a. O.

106. Cladium, *Patrik Brown.*

250. **Cl. Mariscus**, R. Brown. — Schoenus Mar., Linn. — Tribsees: Plenniner Moor. *Dars. Greifswald.*

107. Clinopodium, *Dalech. Tournef.*

251. **Cl. vulgare**, Linn. Matthiol. — H. Graben, Barther Landstrasse u. a. v. u. O.

108. Cochlearia, *Dalech. Tournef.*

252. **C. Armoracia**, Linn. — Arm. aut Raphanus major. Brunfels. — Vorstädte u. a. O.

β. isophylla, F. — Stengelblätter sämmtlich fast gleich, schmal-lanzettförmig, die oberen fast lineal. — Am Wege nach dem Kugelfang, sehr selten.

γ. latifolia. F. — Untere Stengelblätter gestielt, ungetheilt, gross, den Wurzelblättern ähnlich. — Tribs. Vorstadt, selten.

253. **C. danica**, Linn. — C. dan. repens und C. minor erecta, C. Bauh. — **R:** Wampen, auf dem Anger an der Mündung des Mühlen; *bei der Prosnitzer Schanze.*

C. officinalis, Linn. — Nach Weigel am Deviner See; von mir dort nicht gefunden. Vielleicht die v. Art, die Wg. nicht hat?

109. Comarum, *Linn.*

254. **C. palustre**, Linn. — Pentaphyllon pal., Val. Cordus. Herrenwiese, Vogelsang u. a, v. a. O.

110. Conium, *Fuchs. Linn.*

255. **C. maculatum**, Linn. — Vorstädte, Parow, Gr. Kädingshagen (hier, am Wege nach Grünhufe, auch niedrig (1- 1½), schwach, mit einfachem, 1—Gdoldigem Stengel) u. a. O. *Greifswald.* **R:** Altenfähr, am nördl. Strande.

β. minus, F. — In allen Theilen kleiner (1½—2 hoch): Dolden und Blumenkrone von ½ so grossem Durchmesser. Früchte mehr länglich: die Rippen auch der grünen Frucht nicht od. kaum gekerbt, dünn, fast häutig. — Parow, in der Trift am nördlich. Dorfende; selten.

111. Convallaria, *Dodart. Linn.*

256. **C. majalis**, Linn. — Maianthemum flore albo simplici, Siegesbeck. Lilium convallium, Tragus. — Negast. selten; Niederhof, im Park! Tribsees: Plenniner Laubholz. Demmin: Devensche Holz. *Lassan.* **R:** Stubnitz, Boldevitzer Holz.

257. **C. multiflora**, Linn. — Polygonatum latifolium, Fuchs.—H. Graben, Barther Landstrasse, Parower Aussenkoppel, Elmenhorst u. a. v. a. O. *Lassan: Bauerberg.*

258. **C. Polygonatum**, Linn. — Pol. latifolium minus, C. Bauh. — Tribsees: Plenniner Laubholz. *Anclam.* **R:** Granitz, Stubnitz.

259. **C. verticillata**, Linn. — Polygonatum angustifolium, Fuchs. — **R:** Granitz.

112. Convolvulus. *Eur.Cordus. Tourn.*

260. **C. arvensis**, Linn. — Volubilis arv., Tabern. — Blumenkrone bisw. innen nach dem Grunde hin mit 5 purpurnen Doppelflecken.

261. **C. sepium**, Linn. — C major, Gesner.

β. roseus, F. Blumenkrone blass-rosenroth mit 5 weissen Streifen. - Niederhof.

113. Corallorrhiza, *Rupp.*

262. **C. innata**, R. Brown. *Ophrys Corallorhiza,* Linn. Dentaria coralloide radice, Clusius. — Negaster Moor, sehr selten. **R:** Granitz, Stubnitz.

114. Cornus, *Eur. Cordus. Tournef.*

263. **C. sanguinea**, Linn. — Virga sangu., Ruellius. — **R:** Ufer am Nesebanzer Strande. *Sassnitz. Stubnitz.*

115. Coronaria, *Linn.* (vor 1753.).

Vgl. unten bei Lychnis.

264. **C. Flos cuculi**, Al. Braun. — Lychnis Fl. cuc., Linn. Flos cuc. pratensis, Tragus.

116. Coronilla, *Lobel. Linn.*

265. **C. varia**, Linn. — *Lassan. häufig.*

117. Coronopus, *Dodon. Rupp.*

Vgl. Senebiera.

266. **C. Ruellii**, Allion. Dodon. — Cochlearia Cor., Linn. Senebiera Cor., Poiret. — Hauptstengel verkürzt, blattlos, auf eine einzige, scheinbar wurzelständige Traube beschränkt; Nebenstengel niederliegend. — In der Ballastkiste, jetzt mit der Erde weggeführt. **R:** Grahler Fähre, selten.

118. Corydalis, *Castor Durantes. Dillen.*

267. **C. cava**, Schweigg. u. K. — Fumaria bulbosa α. cava, Linn. Spec. Radix cava major, Dodon. — H. Graben. *Anclam, Lassan: Bauerberg.*

β. semitomentosa. F. — Blättchen unterseits filzig, auf den Nerven kahl. — H. Graben, selten.

268. **C. intermedia**, Merat. — Fum. bulb. β. intermedia, Linn. Spec. Coryd. fabacea, Pers. Fabacea radice Capnos altera. Lobel. — Jenseits Stadtkoppel am H. Graben und an der Barther Landstrasse; kl. Kordshagen, am Fusssteige nach Gr. Kädingshagen; *am Pütter Teich. Greifswald: Eldenaer Holz. Anclam. Lassan: Bauerberg.*

269. **C. pumila**, Host. — Hiddensoee.

270. **C. solida**, Smith. — Fum. bulb. γ. solida, Linn. Spec. Aristolochia rotunda vulgaris radice solida, Tragus. Cor. digitata, Pers. Fumaria —'— bracteis digitatis, Hall. — *Anclam;* es mag jedoch wohl die v. Art sein.

C. claviculata, Pers. — Greifswald.

119. Corylus, *Dalech. Tournef.*

271. **C. Avellana**, Linn. — Av. —, Fuchs. — H. Graben, Negast u. a. O.

120. Corynephorus, *Pal. Beauv.*

272. **C. canescens**, Beauv. — Aira can., Linn. — Kugelfang u. a. v. a. O.

121. *Cracca*, (*Ruellius*.) *Rivin.*

273. **Cr. major.** Godron u. Grenier. — Franken. — Vicia Cracca, Linn, Cracca vulgaris, Linn. Hort. ups.(gelegentlich).

274. **Cr. tenuifolia**, Godr. u. Gren. — Vicia ten., Roth. — Anclam, Lassan.

275. **Cr. villosa.** Godr. u. Gren. — Vicia vill. Roth. V. Cracca ϑ, Linn. Fl. suec. nach Wahlenbg. — Hier nur 2mal von mir gefunden.

122. *Crambe*, *Tournef.*

276. **Cr. maritima.** Linn. — Brassica mar. monospermos, C. Bauh. — Rügen. Nach Weigel häufig am Strande von Arcona nach Varnkevitz; soll jetzt dort gänzlich verschwunden sein.

123. *Crataegus*, *Anguillara. Linn.*

277. **Cr. monogyna,** Jacq. — Pennin. Anclam. **R:** Sassnitz. Vilm.

278. **Cr. Oxyacantha.** Linn. — Ox. sive Spina acuta, Dodon. — Ästchen. Blüthenstiele und Kelchgrund kahl od. von kurzen Härchen flaumig. Griffel 1—1. — Auch mit hell-rosenrother Blumenkrone: am H. Graben.

124. *Crepis*, (*Dalech.*) *Linn.*

279. **Cr. biennis.** Linn. — Demmin: bei Stuterhof und vorn im Devenschen Holz: Vorwerk.

280. **Cr. paludosa,** Mönch. — Hieracium paludosum, Linn. — Am Knieper-Mühlengraben; Negast; Abtshagen, in Menge, u. a. O.

281. **Cr. tectorum.** Linn. — Hieracium vulgare tect. minus, Linder.

β. planifolia. F. — Blätter sämmtlich (noch bei der Fruchtreife) flach, die mittleren und oberen oft breiter als gewöhnlich, lanzettförmig - lineal. — Bei Stadtkoppel u. a. O.

γ. amblyphyllos. F. — Mittlere Blätter mit stumpfem (nicht pfeilförmigem) bei kräftigeren Pflanzen oft halbumfassendem Grunde sitzend, dabei übrigens oft wie die v. Var. - Nicht selten: bei Stadtkoppel, Langendorf, Negast.

282. **Cr. virens,** Villars. — Cr. polymorpha, Wallr. α. angustifolia, F. — Stengelblätter lineal, ganzrandig od. hin u. wieder gezähnt. -- Kleinere Form. — Kugelfang, Barther Landstrasse; Negast: Schonung im Walde nach Pennin zu.

β. media, F. — Untere und mittlere Stengelblätter lanzettförmig, am Grunde verbreitert und buchtig-spitzgezählt, um die Mitte ausgeschweift-gezähnelt, oberwärts meist ganzrandig. Grössere Form. — Wegränder bei Voigdehagen, Teschenhagen, Devin u. a. O.

γ. pinnatifida, F. — Untere und mittlere Stengelblätter lanzettförmig, am Grunde sehr verbreitert (etwa 3-mal so breit) und tief-schmalbuchtig-fiederspaltig mit fast linealen, spitzen Zipfeln, oberwärts buchtig-gezähnt.

Grössere Form, in die v. Var. übergehend. — Negast, im Walde am Wege nach Pennin u. a. O.

δ. amblyphyllos, F. — Stengelblätter mit stumpfem (nicht pfeilförmigem) Grunde sitzend. Kleine Pflanzen, selten über 1 Spanne hoch. — Langendorf, Negast: auf sandigen Äckern.

125. *Cucubalus*, *Hist. Lugd. Tournef.* 283. **C. baccifer.** Linn. Spec. I. (später C. bacciferus). — Alsine scandens baccifera, C Bauh. — **R:** Jasmund.

126. *Cuscuta*, *Fuchs. Tournef.* 284. **C. Epilinum,** Weihe. — Auf Leinfeldern: Devin, Steinhagen.

285. **C. europaea,** Linn. — H. Graben (in Menge) u. a. O.

C. Epithymum, Linn. Syst. XIII. — C. europaea β. epithymum, Linn. Spec. Epithymum, Matthiol. — Für das Gebiet sehr zweifelhaft.

Cynanchum. *R. Br. — Vid. Vincetoxicum.*

127. *Cynoglossum*, *Dodon. Tournef.* 286. **C. officinale,** Linn. — C. officinarum, Louicer. — Knieperbleichen, Barther Landstrasse, Franzenshöhe u. a. O.

128. *Cynosurus*, *Linn.* 287. **C. cristatus,** Linn. — Gramen pratense cristatum, C. Bauh.

129. *Cyperus*, *Fuchs. Tournef.* 288. **C. flavescens,** Linn. — Gramen cyperoides — paniculis — subflavescente, C. Bauh. — Lassan: Buggenhagen. **R:** Schmale Heide.

289. **C. fuscus,** Linn. — Lassan: Buggenhagen. **R:** Gustower Torfmoor.

130. *Cypripedium*, *Linn.* 290. **C. Calceolus,** Linn. — Calc. marianus, Dodon. — **R:** Stubnitzufer.

131. *Cystopteris*, *Bernhardi.* 291. **C. fragilis,** Bernh. — Polypodium Filix fragile, Linn. Filix — cauliculo — fragili, Plukenet. — Elmenhorst: Kirchhofsmauer; Mauer am Wege von Brandshagen nach Niederhof. Demmin: in Vorwerk. **R:** Stubnitz.

132. *Dactylis*, *Linn.* 292. **D. glomerata,** Linn. β. vivipara, F.

133. *Datura*, *Garzias. Linn.* 293. **D. Stramonium,** Linn. — Stram. spinosum, Jo. Gerard. Datura Turcarum, Besler. Persis et Turcis Datula, Paludanus. Tatula, Camerar. Tatoula — —, Bellon. — Vorstädte, nicht häufig. Demmin: Vorstadt, Vorwerk. Lassan : Vorwerk, Pulow. **R:** Gustow.

β. chalybea, Koch. — D. Tatula, Linn. Spec. II. — In Gärten bisw. verwildert.

134. **Daucus**, *Clusius. Tournef.*
294. D. **Carota**, Linn. — Car., Fuchs. — Knieperstrand, Barther Landstrasse u. a. O.
135. **Delphinium**, *Clusius. Tournef.*
295. D. **Consolida**, Linn. — Cons. regalis, Brunfels.
136. **Dentaria**, *Caesalpin. Tournef.*
296. D. **bulbifera**, Linn. Lobel. — R: Stubnitz.
137. **Dianthus**, *Linn.*
Diosanthos, Anguillara.
297. D. **arenarius**, Linn. — Wolgast: Ziesenberg n. Ziesenmoor. *Lassan: Buggenhagen.*
298. D. **Armeria**, Linn. — Arm. — —, Lobel. — *Barth: alte Burg. Greifswald. Anclam.*
299. D. **Carthusianorum**, Linn. — Barth: Schlossberg, Heide. Demmin. R: Pulbus.
β. pallidus, F. — Kelch blass-grünlich; Blumenkrone röthlich-weiss. — Demmin, am Fusssteige nach der Gypsmühle, auf torfigem Boden.
300. D. **deltoides**, Linn. — *Elmenhorst. Tribsees. Greifswald. Lassan: Papenberg, Jamitzow. Anclam.* R: Papenberg bei Gustow. Pulbus.
301. D. **prolifer**, Linn. — Armeria prolifera, Lobel. — *Greifswald: Hanshagen. Anclam. Demmin.* R: Ufer am Nesebanzer Strande; Wampen. Schaazenberg an der Prora.
302. D. **superbus**, Linn. — Superba austriaca, Lobel. — Niederhof. *Greifswald. Lassan: Buggenhagen.* R: an der Gora.
D. **barbatus**, Linn. — Caryophyllus Carthusianorum, Tabern. — An Hecken und Wegrändern bisw. verwildert.
138. **Diplotaxis**, *De Cand.*
303. D. **muralis**, De C. — Sisymbrium murale, Linu. Spec. II. — Stralsund (?).
304. D. **tenuifolia**, De C. — Sisymbr. tenuifolium, Linn. — Früher in der Ballastkiste nicht selten; jetzt mit der Erde weggeführt. *Greifswald.*
139. **Dipsacus**, *Dodon. Tournef.*
305. D. **silvester**, Mill. Dodon. — D. fullonum, Linn. mit Ausschl. der Var. β. Carduus full. erraticus, Tragus. — R: Binz, Jasmund.
Draba, *Dillen.* — *Vid. Erophila.*
140. **Drosera**, *Linn. (Val. Cordus.)*
306. Dr. **intermedia**, Hayne. — Martensdorf: alle Torfgrube auf der vormal. Heide neben dem Wege nach Gr. Zarsebur. Lassan: Moor bei Wangelkow. Anclam.
307. Dr. **longifolia**, Linn. — Dr. anglica, Huds. Ros solis folio oblongo, C. Bauh. — Nach Linn. Fl. suec. nur durch die Blattform ("vix sufücienter") von der flg. verschieden: schwerlich kann er also die durch Wuchs und Samen deutlich unterschiedene Dr. intermedia hier mit verstanden haben. — Negaster Moor. Greifswald.

308. Dr. **rotundifolia**, Linn. — Ros Solis folio rotundo, C. Bauh. — Negast, Sandhagen, Voigdehäger Moor, Teschenhagen, Pütte, Martensdorf u. a. O.
Echinospermum, *Sw.* — *Vid. Lappula.*
141. **Echium**, *Dodon. Tournef.*
309. E. **vulgare**, Linn. Clusius. — Am Wege nach Devin u. a. v. a. O.
142. **Elsholzia**, *Willd.*
310. E. **Patrini**, Garcke. — Mentha Patrini, Lepechin. Elsh. cristata, Willd. — In Gärten hie und da wie wild. Demmin: um die Gypsmühle. — Ist wohl in unseren Gegenden nirgends ursprünglich heimisch.
143. **Elymus**, *(Fuchs.) Linn.*
311. E. **arenarius**, Linn. — Parow, Devin u. a. O. R: Altenfähr, Drigge u. a. O.
312. E. **europaeus**, Linn. — Abtshagen, im diesseitigen Walde.
144. **Empetrum**, *Tournef. (Tragus.)*
313. E. **nigrum**, Linn. — Erica baccifera procumbens nigra, C. Bauh. — Negast. Barth. Dars. Greifswald. R: Arcona, Spicker, Schmale Heide.
145. **Epilobium**, *Gesner. Dillen.*
314. E. **alpinum**, Linn. β. nutans, Koch. — E. nutans, Tausch. Chamaenerion alpinum, Scheuchzer. — Einmal an der Knievervorstadt von mir gefunden.
315. E. **angustifolium**, Linn. — Lysimachia Chamaenerion dicta angustifolia, C. Bauh. — H. Graben, im südlichsten Gebüsch der Westseite; Cummerow u. a. O. R: Stubnitz, Granitz.
316. E. **hirsutum**, Linn. mit Ausschl. der Var. β. — Antoniana campestris hirsuta, Gesner. — Barther Landstrasse u. a. v. a. O. Rügen.
317. E. **montanum**, Linn. — Lysimachia montana —, Rudbeck. — Voigdehäger Trift, Negast, Abtshagen, Bussiner Forst u. a. O.
β. verticillatum, Koch (Var. α.). — Zimkendorf, in der Waldecke Borgwall gegenüber (Dr. Tetschke).
γ. lanceolatum, Koch (Var. ;).
δ. minus, Wimm. u. Grab. (Var. β.) — Var. γ. collinum, Koch. Epil. collinum, Gmelin. — Wahrscheinlich heimisch: ich habe es ohne genauere Angabe des Fundorts erhalten. — Ausserdem ändert die Art noch ab mit grösseren und kleineren Blüthen u. Kapseln, mit Blättern, deren mittlere am Grunde herzförmig, und mit solchen, welche unterseits bläulich-grün sind.
318. E. **palustre**, Linn. — Um die Teiche, am Knieper-Mühlengraben u. Vogelsang, Barther Landstrasse u. a. O.
319. E. **parviflorum**, Schreb. — E. hirsutum β. Linn. Lysimachia — hirsuta parvo flore, C. Bauh. — Am Kupfergraben, an der Herrenwiese u. a. v. a. O.
320. E. **roseum**, Schreb. — Schiffswerfte: Abtshagen.

5

321. **E. tetragonum**, Linn. — Graben am Wege von den Knieperbleichen zur Vogelstange. Demmin: Sinferhof, am Wege zur Kiebitzmühle.

146. *Epipactis*, Camerar. Haller.

322. **E. Helleborine**, Crantz. — Helleb., Dodon. Serapias latifolia, Linn. Syst. XII.

α. rubiginosa, Crantz. — E. latifolia β. rubiginosa, Gaud. — **R:** Ufer der Granitz und Stubnitz. — Noch vor wenigen Jahren standen hier an der Chaussee von Andershof nach Brandshagen einige Pflanzen.

β. varians, Crantz. — E. latifolia, Allion. — Niederhof, Elmenhorst, Abtshagen, Pennin, Zimkendorf u. a. O. Demmin: Devensche Holz. Lassan: Waschower Park. **R:** Berger Holz, Stubnitz.

323. **E. palustris**, Crantz. — Helleborine angustifolia palustris s. pratensis, C. Bauh. Serapias longifolia, Linn. Syst. XII. — Negaster Moor: Lüssow. Lassan: Vorwerk. **R:** Binz.

147. *Epipogium*, Gmelin.

324. **E. Gmelini**, Rich. — Satyrium Epipog., Linn. — **R:** Jasmund.

148. *Equisetum*, Eur. Cordus. Tourn.

325. **E. arvense**, Linn. C. Bauh. - Hippuris arvensis —, Taberu.

β. nemorosum, Al. Brauu. — Am Frankenteich; Gräben im Tribs, Felde; Negast, im Walde. — Eine etwas abweichende Form bei Parow, in den Kiefern jenseit der Aussenkoppel, und bei Abtshagen, im diesseitigen Walde neben der Chaussee.

326. **E. fluviatile**, Linn. — E. Telmateia, Ehrb. — Linn. führt seine Art nicht blos als eine einheimische auf, sondern eignet sich auch (Maut. II.) Hallers Worte („Caules floriferi a sterilibus distincti, ut E. arvensis.") an. Fast überflüssig scheint es, dem noch hinzuzufügen, dass Haller (List. no. 1675.), nach Anführung der L.schen Diagnose, eine Beschreibung giebt, welche keinen Zweifel übrig lässt. — **R:** in Schluchten der Stubnitz, stellenweise; am Fuss des hohen Lehmufers bei Sassnitz.

327. **E. hiemale**, Linn. — Ufer am Andershöfer u. Deviner Strande; Abtshagen. **R:** Stubnitz.

328. **E. limosum**, Linn.

329. **E. palustre**, Linn. Lobel.

330. **E. pratense**, Ehrh. — E. umbrosum, Meyer bei Willd. — Der Standort dieser um Str. sehr häufigen Art ist hier vorzugsweise Heideboden. Vom Anfang des Jun. an erzweigen sich die Äste sehr vieler sowohl fruchtib. als unfruchtbarer Stengel, und den erst im Sommer hervorkommenden (immer unfruchtb.), vom Grunde an ästigen, oft breit-pyramidenförmigen Stengeln fehlen die Ästchen vielleicht niemals. — Chaussee nach Brandshagen u. nach Cummerow; an den Wegen nach Devin, Gr. Kädingshagen u. Prohn; Heide bei Gr. Kä-

dingshagen; am Wege von Negast nach Pennin bei der Schonung. **R:** Stubnitz.

β. nemorale, F. — Stengel sämmtlich unfruchtbar, höher, unterwärts nackt. Äste länger, grasgrün, einfach od. später verästelt. — In Wäldern und etwas feuchten Gebüschen: Ufer am Strande nach Devin zu. Demmin: Devensche Holz.

331. **E. silvaticum**, Linn. Tabern. - - Negast, Abtshagen u. a. O. **R:** Granitz, Stubnitz. — Auch an Wegen, Grabenrändern, kleiner.

β. rigidulum, F. — Äste gerade, wagerecht-abstehend. — Abtshagen im diesseitigen Walde am Ende des Seitenweges zu den Steinhäger Bauerhöfen.

149. *Eranthis*, Salisb.

332. **E. hiemalis**, Salisb. — Helleborus biem., Linn. Aconitum hiemale - -, Lobel. — Parow: auf dem Hofe am Abhang des alten Burggrabens.

150. *Erica*, Dodon. Touruef.

333. **E. Tetralix**, Linn. — E. spuria s. Tetr., Rupp. — Negast, Zarrendorf, Cummerow. Greifswald. **R:** zwischen Gingst u. Dreschwitz; Schmale Heide, Schabe.

151. *Erigeron*, Eur. Cordus. Linn.

334. **E. acer**, Linn. — Conyza caerulea acris, C. Bauh. — Dänholm, Barther Landstrasse u. a. v. a. O.

335. **E. canadensis**, Linn. — Conyza canadensis — —, Boccone. — Bei Wilke (1765.) noch gar nicht erwähnt u. vor etwa 90 Jahren bei uns kaum zu finden. — Dänholm, Frankenfeld, Chaussee nach Pantlitz. Demmin.

152. *Eriophorum*, Dodon. (-on). Linn.

336. **E. alpinum**, Linn. — Juncus alpinus bombycinus, C. Bauh. — Negaster Moor.

337. **E. polystachyon (-lon)**, Linn. Spec. und (mit Ausschl. der Varr.) Fl. suec. — E. angustifolium, Roth. Gramen eriophoron, Dodon. — Wiese neben dem Knieper-Mühlengraben u. am Strande nach Parow u. a. v. a. O.

β. minus, Koch. (als Var. γ. von E. angustif., Roth.) — Östliche Wiesen am Voigdehäger Moor.

γ. strictum, F. — Halm niedrig, steif-aufrecht. Ähren meist 4 od. 6, doldig-gestellt, aufrecht: 1 od. 2 mittlere kurz-gestielt od. fast sitzend, die äusseren lang-gestielt mit steifen, geraden, aufrecht-abstehenden, fast gleichlangen Blüthenstielen. — Gr. Kädingshagen in den Wiesen neben der Heide.

δ. ramosum, F. — Halm von mittlerer Höhe, aufrecht, dick, unterwärts mit einem aufrechten, 2schneidigen, fast halb-stielrunden, etwas kürzeren Aste. Blätter länger u. breiter als bei der gemeinen Form. Ähren 10—20. — Negast, am südl. Rande des Laubwaldes, links vom Wege nach Pennin, selten.

338. **E. gracile**, Koch. — E. polystachyon γ. Linn. Fl. suec. — Greifswald: Kieshöfer Moor. Lassan: Moor am Wege nach Pulow; Wangelkow.

339. **E. latifolium**, Hoppe. — E. polyst. β. Linn. Fl.

anec. — **Negast:** Wiese am See; Sandhagen, in der Torfgrube am See; Niederhof.
340. E. vaginatum, Linn. — Negaster u. Voigdc-
häger Moor; alte Torfgrube vor Brandshagen. Lassan.
Erodium, L'Herit. — Vid. Herodium.
153. Erophila, De Cand.
34). E. verna, E. Meyer. — Draba verna, Linn. — In
feuchten Jahren kommen u. blühen junge Pflanzen wieder im Spätsommer u. Herbst. — Kugelfang u. a. v. a. O.
154. Errum, Gesner. Tournef.
342. **E. cassubicum**, Peterm. — Vicia cassubica, Linn.
Vic. multiflora cass. —, Plukenet. — Lüssow: Seeufer;
Zinkendorf: Waldrand. Tribsees: am Wege von Ca-
velsdorf nach Stormsdorf. Lassan: Buggenhagen. **R:** Ufer
am Neschauzer Strande; Papenberg bei Gustow. Gora.
Schanzenberg an der Prora.
343. **E. hirsutum**, Linn. — Vicia — cum siliquis —
hirsutis, C. Bauh. — Blüthenstiele 2—9blüthig.
344. **E. silvaticum**, Peterm. — Vicia silvatica, Linn.
Cracca silv, Rupp. — Tribsees: Pleunincr Laubholz. Lassan: Buggenhagen. **R:** Stubnitz, an mehreren Stellen;
Sassnitz.
345. **E. tetraspermum**, Linn. — Deviner Anlagen.
Greifswald.
155. Eryngium, Dalech. Tournef.
346. **E. campestre**, Linn. — E. camp. vulgare, Clusius. — Anelam.
347. **E. maritimum**, Linn. C. Bauh. — Dänholm,
Parower Haken; Hiddensee. Greifswald: Wampen, Ludwigsburg. **R:** Altenfähr, selten. Binz. Schabe.
E. planum, Linn. — **R:** Putbus, nm den Park!
156. Erysimum, Dodon. Tournef.
348. **E. cheiranthoïdes**, Linn. — Turritis Leucoii
folio, Tourn. — Bei sehr kräftigen Pflanzen sind die Samen in der Mitte od. in der ganzen Länge des Fuchs
2zeilig. — Vorstädte, Knieper- und Frankenfeld u. a. v.
a. O. — Auf torfigem Boden und Sand klein (3—6"
hoch) mit einfachem, 1 — wenigblüthigem Stengel: Parow, Negast.
157. Erythraea, Renealm. (-i-). Pers.
349. **E. Centaurium**, Pers. — Gentiana Cent, Linn.
(zum Theil) mit Ausschluss der Var. β. Centaurium minus,
Fuchs. — Kugelfang, Negast, Chaussee nach Cummerow
u. a. v. a. O.
350. **E. linarifolia**, Pers. — Geotiana linariaefolia,
Lamck. Gent. Centaurium, Linn. Fl. suec. mit Ausschl. der
Var. β. Cent. minus maritimum angustifolium, Celsius. —
Greifswald. **R:** Wampen, in den Wiesen am Mählen.
Bergen: am Nonnensee, klein.
351. **E. pulchella**, Fries. — Gentiana pulch., Swartz.
Gent Centaurium β. Linn. Spec. und Fl. suec. II. Erythraea
inaperta, Willd. (aus unrichtiger Auffassung des Centaurium

palustre minimum flore innperto, Vaill. bot. par. tab. 6, Fig. 2.) —
Frankenweide, auf dem vormal. Kl. Paschenberg, um
den Galgenberg, Negast, Gr. Kädingshagen, Kl. Damitz: überall sehr vereinzelt. Greifswald: Wampen. **R:**
Drigge, in den Wiesen am Mählen, auch mit weisser
Blumenkrone, sehr häufig; Bergen: am Nonnensee; am
Wieker Bodden.
158. Euonymus, Dodon. Tournef.
352. **Eu. europaeu**, Linn. — H. Graben, Barther
Landstrasse u. a. O.
159. Eupatorium, Fuchs. Tournef.
353. **Eu. cannabinum**, Linn. Gesner. — Hepato-
rium, Simon Paulli. Herba Setae Kunigundis, Tragus. — H.
Graben, Barther Landstrasse u. a. v. a. O.
Euphorbia, Linn. — Vid. Tithymalus.
160. Euphrasia, Fuchs. Haller.
Vgl. Odontites.
354. **Eu. officinalis**, Linn. — Eu. officinarum, C. Bauh.
Ophthalmica s. Ocularia, Eur. Cordus.

1) Sämmtliche Blätter fast gleichblümig-gesägt: Sägezähne der oberen Blätter kurz-zugespitzt, stachelspitzig.
α. pratensis, Fries. -- Stengel oberwärts nebst den
oberen Blättern u. den Kelchen drüsig-behaart. Blumenkrone meist grösser, weiss, mit dem gelben Flecken
der Unterlippe und den violetten Linien. — Diese fand
ich hier nicht.
β. alpestris, Koch (Var. δ.) — Stengel von gekräuselten, rückwärts-gerichteten, weisslichen, drüsenlosen
Haaren flaumig. Blätter u. Kelche meist ganz kahl. —
Hiervon bei uns die kleinblüthige Form (Eu. micrantha,
Rchbch.) mit einfachem od. aufrecht-ästigem Stengel u.
weisser Blumenkrone nebst der Zeichnung wie bei der
vor. Var. — Kugelfang, Zarrendorfer Heide u. a. O.
Früher auf der vormal. Langendorfer Heide in Menge.
2) Obere Blätter tiefer-gesägt: die seitenständigen
Sägezähne zugespitzt-pfriemenförmig-haarspitzig.
γ. nemurosa, Pers. (Var. β.) nach Koch. — Behaarung wie bei β. Blumenkrone od. wenigstens die Ober-
lippe bläulich-roth, selten weiss, mit dem gelben Flecken
u. s. w. — Hier die gewöhnliche Form: auf trockneren
Triften (z. B. an den Martensdorfer Tannen u. a. O.)
und in den (auch feuchteren) Wiesen sehr häufig.
δ. neglecta, Wimm. u. Gr. (Var. β.). — Blätter und
Kelche von steifen, drüsenlosen Haaren kurzhaarig.
Stengel wie bei β. behaart, aber die Haare dichter-ste-
hend, fast gerade, dicker. Blumenkrone wie bei α, kleiner. — Selten: Steinhagen, auf der südlichen, zu den
ausgehaueten Höfen führenden Trift.
161. Fagus, Brunfels. Tournef.
355. **F. silvatica**, Linn.

162. *Falcaria*, Rivin.
356. **F. Rivini,** Host. — Sium. Falc., Linn. — Demmin: Stuterhof. *Anclam.* **R :** Pulbus.

163. *Farsetia*, Turra (1765.).
357. **F. incana,** R. Brown. — Alyssum incanum, Linn. Thlaspi inc. Mechliniense, Lobel. — *Greifswald.* Demmin, sehr häufig. *Anclam. Lassan, häufig.* **R :** Rothenkirchen; *Lonritz; zwischen Posewald und Zirkow;* auf Jasmund bei Lancken.

164. *Festuca*, (Dodon.) Dillen.
358. **F. arundinacea,** Schreb. — F. elatior β. Linn. Spec. II. (?). Gramen arundinaceum —, Rajus. — Untere Rispenäste 5—50 Ährchen tragend: Ährchen (nach Koch) 4—5blüthig. — Am Strande, H. Grahen u. a. v. a. O. **R :** Strand bei Kl. Bandelvitz u. a. O.

β. multiflora, F. — Ährchen 6—10blüthig. Nicht selten: Knieperstrand u. a. O.

γ. stricta, F. — Rispe aufrecht : Äste abstehend, seltner wagerecht, meist kürzer und steifer als bei der gewöhnl. Form, sonst wie diese. — Am Strande hie u. da.

δ. triflora, F. — Bromus patentissimus, Weigel. Obs. bot. pag. 12. Ährchen 2—4blüthig. Wuchs niedriger (1—3'), schwächer. Rispe kleiner, aufrecht, meist abstehend; Ährchen oft gefärbt. — Auf trocknerem und auf kiesigem Boden: Kniepervorstadt, an mehreren Stellen; Knieperstrand, Kugelfang; Frankenstrand, unfern des Pulverhauses.

359. **F. elatior,** Linn. — Gramen paniculatum elatius —, Vaill. — Die flgg. Varr. geben durch Zwischenformen in die gewöhnl. Form über.

β. major, F. — Höher, kräftiger. Untere Rispenäste einzeln, mehr od. minder verzweigt, 5—20 Ährchen tragend, oder zu 2, traubig, der kürzere mit 2—3, der längere mit 3—6 Ährchen: die Ährchen 5—15blüthig. — Auf fruchtbarem Boden: an der Chaussee nach Paullitz; besonders neben Pfütze, u. a. O.

γ. minor, F. — Niedriger, schwächer. Rispe aufrecht, traubig od. fast traubig: Äste meist einzeln, 1 Ährchen tragend, oder der eine und andre der untersten traubig mit 2—3 Ährchen: die Ährchen 2—10blüthig, oft gefärbt. — In Sammlungen, vielleicht auch in Floren, geht sie öfters unter dem Namen F. loliacea. — An trockneren Orten, besonders auf Kies und hartem, unbebautem Lehm: Erdgrube an der Chaussee nach Garbodenhagen; Wiese am Knieperstrande jenseit des Lootsensteins u. a. O.

360. **F. gigantea,** Vill. — Bromus giganteus, Linn. — H. Grahen, Andershöfer Strand u. a. O. Rügen.

β. triflora, Koch. -- Bromus triflorus, Linn. — Niedriger, schwächer. Blätter schmaler. Ährchen 2—5blüthig. — Abtshagen. Niederhof.

γ. stricta, F. — Niedriger. Rispe aufrecht: Äste aufrecht-abstehend, gerade, kürzer, meist mehr verzweigt

und reichlicher mit Ährchen hesetzt. — An sonnigen, feuchten Orten, Grabenrändern: um die nördl. Stadtmauer (jetzt vielleicht durch den Siehlbau ausgerottet) u. a. O.

F. loliacea, Huds. — Vid. Lolium festucaceum.
361. **F. ovina,** Linn. — Um Str, nicht eben häufig: Frankenstrand, Devin u. a. O.

β. duriuscula, Koch (Var. ε.). — Lassan: Vorstadt. (Heinrich).

362. **F. rubra,** Linn. — Um Str. gemein, in zahlreichen, sämmtlich — mit Ausnahme der letzten — auf hiesiger Feldmark vorkommenden Abänderungen, deren Eigenthümlichkeiten sich theilweise oft an einer u. derselben Pflanze vereinigt finden. — Die Ährchen 2—10blüthig. — Mit weit-umherkriechender Wurzel und vereinzelten Halmen wächst sie nicht nur auf Sandboden (am Kugelfang), sondern auch auf nassem Sumpfboden, z. B. auf einer Stelle am Ufer des Knieperstrandes jenseit des Lootsensteins.

1) Nach der Färbung ist die Pflanze grasgrün od. blasslauchgrün od gelblich-bleich, oder — sehr häufig — graublau, u. letztere besonders wird nach dem Verblühen an Halm und Rispe meist violett-roth; ausserdem:

β. glaucescens, F. — Pflanze (blass-lauchgrün) äusserst fein meergrün-bereift, — Frankenweide.

2) Die Wurzelblätter sind kürzer (bisw. nur ½ so lang als der Halm) oder länger, oft so lang od. länger als der Halm; ausserdem:

γ. setacea, F. — Wurzelblätter zusammengerollt-borstenförmig, stielrund. -- Geht durch eine Zwischenform, deren Wurzelblätter am Rücken eine spitze Kante zeigen, in die flg. Var. über.

δ. plicata, F. — Wurzelblätter einfach-zusammengefaltet, die Ährchen oft rinnig.

ε. planifolia, F. — Wurzelblätter flach (!), meist breiter, die jüngeren rinnig.

3) Die Blattscheiden sind entweder glatt und kahl, od. die unteren (die äusseren der aufrechtboren Blätterbüschel, an denen diese Merkmale sich meist in noch stärkerem Grade zeigen) sind bekleidet:

ζ. pubescens, F. — Untere Blattscheiden von drüsenartigen Knötchen und sehr kurzen Borstchen rauh.

η. pubescens, F. — Untere Blattscheiden von kurzen, abstehenden Härchen flaumig.

ϑ. hirsuta, F. — Untere Blattscheiden von längeren, weit-abstehenden, weichen Haaren grau, fast zottig; auch die Blätter unterwärts meist zerstreut-behaart.

4) Die untere Spelze ist entweder glatt und rauh, oft auch am Rande und an der Spitze etwas flaumig; ausserdem:

ι. villosa, Koch (Var. β.). — F. dumetorum, Linn. (?) — Ährchen, mit Ausnahme der Balgklappen, überall zottig-kurzhaarig.

x. arenaria, Fries (Var. β. Bei Koch Var. γ.) — Ährchen wollig-zottig, grösser und auch kleiner. — Wahrscheinlich auf dem Zingst und auch wohl auf Rügen. (Ich fand sie noch nicht. — Auf Usedom am Strekelberg.)

363. **F. silvatica**, Vill. — Abtshagen, im diesseitigen Walde neben der Chaussee: die Ährchen dort 2—4-blüthig.

165. *Ficaria*, Brunfels. Dillen.

364. **F. ranunculoides**, Mönch. — Ranunculus Fic., Linn. — Vorstädte u. a. v. a. O.

166. **Filago**, Dodon. Vaill.

365. **F. arvensis**, Linn. Spec. I. add. u. append. und später. — Gnaphalium arvense, Linn. Spec. I. im Text. — Barther Landstrasse, Gr. Kädingshagen, Dänholm u. a. O.

366. **F. germanica**, Linn. Spec. II. nicht Syst. X. — F. pyramidata, Linn. Fl. suec. II. (nicht Spec. I. append. Spec. II. u. Syst. XII.). — Gnaphalium germanicum, Linn. Spec. I. J. Bauh. — Langendorf, Negast, Niederhof u. a. O.

367. **F. montana**, Linn. Spec. I. add. und später. — Gnaphalium montanum, Linn. Spec. I. im Text. Filago minima, Fries. — Mir scheint der L.'sche Name nicht zu bezweifeln: Haller (hist. no. 155.) beschreibt unsere Art sehr deutlich und führt „Gnaphalium minimum, Lobel" an; dasselbe Cit. hat Linn. und bezeichnet als Standort sandige und bergige Orte Europas ohne irgend eine Beschränkung (sein Cit. aus Haller konnte ich nicht nachsehen, da mir nur dessen hist. zur Hand ist). Weigel (Fl. und Magazin III. 2. pg. 77.) hat ebenfalls F. montana als heimische Pflanze; und endlich konnte Linn. fast unmöglich diese nicht kennen oder sie verwechseln. — Derin, Zarrendorf, Sandhagen, Negast, Gr. und Kl. Kädingshagen u. a. O.

β. denudata, F. — Angedrückt-dünnfilzig, fast grün, oder der (immer schlankere, weniger ästige) Stengel schwach-spinnwebig, ein wenig zottig. Köpfchen meist einzeln, fast kahl. — An grasigen, etwas feuchten Orten, in wasserleeren Gräben: um Sandhagen.

167. *Fragaria*, Brunfels. Tournef.

368. **Fr. collina**, Ehrh. — Anclam. Lassan: Buggenhagen.

369. **Fr. elatior**, Ehrh. — Gehölz zur Rechten des Weges von Gr. Kädingshagen nach Neu-Preetz, unfern der Scheide.

370. **Fr. vesca**, Linn. — Barther Landstrasse, Ufer am Strande u. a. v. a. O.

168. *Fraxinus*, Brunfels. Tournef.

371. **Fr. excelsior**, Linn. C. Bauh. — In den Vorstädten, angepflanzt und aus Samen anfwachsend. **R:** Granitz, Stubnitz.

169. *Fumaria*, Fuchs. Rivin.

372. **F. officinalis**, Linn. — F. officinarum, C. Bauh. α. vulgaris, Koch.

β. minor, Koch.
γ. floribunda, Koch. — Diese fand ich nicht.

F. capreolata, Linn. — In Gärten bisw. wie Unkraut.

170. *Gagea*. Salisb.

373. **G. arvensis**, Schult. — Ufer am Knieperstrande nach Parow zu. Bis vor wenigen Jahren auch an der Voigdehäger Trift. Anclam.

374. **G. minima**, Schult. — Ornithogalum minimum, Linn. — Greifswald: Hanshagen u. a. O. Anclam. **R:** Putbus, im Park.

375. **G. pratensis**, Schult. — G. stenopetala, Rchbch. Ornithogalum pratense, Pers. — Um Str. sehr häufig: Kniepervorstadt, Ufer am Knieperstrande, an den Chausseen: Devin (am See, grossblüthig) u. a. O. Lassan: Vorwerk.

β. secunda, F. — G. prat. γ. Schult. G. stenopetala β. pratensis, Koch. — Mit der Hauptform: Ufer am Knieperstrande : Deich längs der Kupferwiese; Tribs. Feld u. a. O.

376. **G. silvatica**, Loudon. — G. lutea, Schult. Ornithogalum silvaticum, Pers. — Orn. luteum, Linn. ist schwerlich eine Art, sondern ein Collectiv-Name ohne Unterscheidung von Varr. — H. Graben, Barther Landstrasse, Parower Park u. a. O. Lassan: Pulow.

377. **G. spathacea**, Schult. — Parower Park: Kädingshagen; um Voigdehagen; Pennin, in der Waldecke nahe zur Rechten des Wegs nach Zimkendorf. **R:** Putbus.

Galanthus nivalis, Linn. — An Hecken und in Gebüschen in der Nähe von Wohnörtern: oft mit gefüllter Blüthe!

171. *Galeobdolon*. Dillen. (Fuchs.)

378. **G. luteum**, Huds. Galeopsis Galeobd., Linn. Galeopsis flore luteo, Camerar. — Parower Park, Negast u. a. v. a. O. Lassan: Bauerberg.

172. *Galeopsis*, Linn.

Von Eur. Cordus bis Rivin, diente dieser Name fast allgemein für Lamium, Linn.

379. **G. bifida**, Bönningh. — Voigdehagen, Gr. Kädingshagen.

380. **G. pubescens**, Roth. — **R:** Putbus.

381. **G. Ladanum**, Linn. — Lad. segetum, J. Bauh. α. latifolia, Wimm. u. Gr. — Kugelfang, Langendorf, Negast, Zitterpenningshagen, Devin u. a. O. Wahrscheinlich auch bei Lassan: Clotzow.

382. **G. Tetrahit**, Linn. mit Ausschl. der Var. β. — Tetr. herbariorum, Lobel. ist Sideritis hirsuta, Linn.

β. albifiora, F. — Kleiner, schwächer. Blumenkrone weiss, gleichfarbig. — Demmin: Devensche Holz, auf den Höhen rechts vom Seitenwege nach Deven. — Ist weiter zu beobachten.

383. **G. versicolor**, Curt. — G. Tetrahit β. Linn. Spec. Franken- und Tribs. Feld, Niederhof, Pantlitz u. a. O. — Mit bleicher Unterlippe ohne den violetten Flecken fand

6

ich *eine* Pflanze unter hunderten der gewöhnl. Färbung bei Gr. Küdingshagen.

173. *Galium*. *Lacuna. Linn.*
Die meisten älteren Botaniker haben Gallium und Gallion, Eur. Cordus zuerst Galiou.

384. **G. Aparine,** Linn. — Aparine, Brunfels.
β. agreste Wallr. (als Art). — Franken- und Knieperfeld, ziemlich selten: nur die Form mit hakig-steifhaarigen Früchten.

385. **G. boreale,** Linn. — Negast, in den jungen Kiefern am westl. Rande der vormal. Heide. Barth: Saatelsche Moor. Tribsees: Plemmiuer Laubholz. Demmin.

386. **G. Cruciata,** Scop. — Valantia Cruc., Linn. Cruciata, Dodon. — *Greifswald: Kl. Zastrow. Anclam.*

387. **G. Mollugo,** Linn. — Moll. prima, Dodon.

388. **G. palustre,** Linn. — Gallion pal, Dodon.
β. glabrum, F. — Meist höher. Kraut kahl u. glatt. Blätter meist 5—6ständig. — Sehr häufig.

389. **G. saxatile,** Linn. — Gallium sax. — —, Juss. — Sehr zerstreut: Negast, Sandhagen, Zarrendorf, Voigdehagen, Devin. *Rügen.*

390. **G. silvaticum,** Linn. — Rubia silvatica, Gesner. — **R:** an der Gora; Stubuitz.

391. **G. uliginosum,** Linn. — Wiese am Frankenteich neben dem Wege nach Knöchelsöhrn; Voigdehäger Moor, Sandhagen, Negast u. a. v. a. O. — Wird bis 3' lang.

392. **G. verum,** Linn. — Galiou ver., J. Bauh.

174. *Genista*, *Dodon. Linn.*
393. **G. pilosa,** Linn. — **R:** *Schmale Heide.*

394. **G. tinctoria,** Linn. — Tinctorius tos, Fuchs. — Negast, Abtshagen, Martensdorf. Demmin. *Lassan. Rügen.*

175. *Gentiana*, *Brunfels. Tournef.*
395. **G. Amarella,** Linn. — Früher hier auf der vormal. Knieperweide. *An der Peene.* **R:** *Garritz.*

396. **G. campestris,** Linn. — Amarella. Franken. — Früher hier nicht selten; jetzt durch Urbarmachung der Standörter wohl ganz verdrängt. *Greifswald.* **R:** *Garritz, Granitz, Schaunzenberg an der Prora, Sassnitz.*

397. **G. Cruciata,** Linn, C. Bauh. — Cruciata, Fuchs. — **R:** Garz (wenigstens in früherer Zeit).

398. **G. Pneumonanthe,** Linn. — Pn., Lobel. — Negast, Martensdorf, Cummerow. **R:** Gingst.

176. *Geranium*, *Fuchs. Tournef.*
399. **G. columbinum,** Linn. Tabern. — Pes columbinus. Dodon. — Ufer am Knieperstrande nach Parow zu; Devin; am Abfluss des Pütter Teiches auf der Nordseite der Chaussee u. a. O. *Greifswald. Demmin.*

400. **G. dissectum,** Linn. — Am Knieperteich; Chaussee von Steinhagen nach Abtshagen. Demmin. *Greifswald. Anclam.*

401. **G. molle,** Linn. — ⊙ u. ♂. — Wälle, Vorstädte u. a. O.

402. **G. palustre,** Linn. — Seenfer bei Lüssow, häufig; Cummerowsche Ziegelei. Demmin: im Devenschen Holz u. bei Vorwerk häufig.

403. **G. pusillum,** Linn. — ⊙ u. ♂. Stengel 3—30" lang, biswr. aufrecht, unterwärts einfach, 4—6" hoch über dem Boden quirlig-ästig, wie es oft (z. B. im diesseit. Walde bei Abtshagen) auch bei der flg. Art der Fall ist.

404. **G. Robertianum,** Linn. Ruellius. — Herba Ruperti —, Hist. Lugd. — Parower Aussenkoppel, Ufer am Strande nach Devin n. a. v. a. O.
β. albiflorum, F. — Blumenkrone weiss. — Abtshagen im diesseitigen Walde.

405. **G. sanguineum,** Linn. C. Bauh. — Sanguinaria radix —, Tragus. — *Greifswald. Anclam.* **R:** Granitz; *Thiessow.*

406. **G. silvaticum,** Linn. — *Greifswald: Kl. Zastrow. Tribsees: Stadtholz.* **R:** *Gr. Medars, Stubnitz.*

177. *Geum*, *Conr. Gesner. Linn.*
407. **G. intermedium,** Ehrh. — Caryophyllata silvestris, Fuchs. — H. Graben; Zimkendorf: Waldecke. Borgwall gegenüber. **R:** *Güstelitzer Holz.* — Vielleicht Bastard der flgg. Arten.

408. **G. rivale,** Linn. Gesner. Caryophyllata aquatica *und* palustris, Camerar. Benedicta silvestris, Tragus. — Herrenwiese bei Stadtkoppel, Chaussee nach Negast u. a. v. a. O. — Mit aufrechten, grösseren Blüthen, eingeschnittenen Kelchzipfeln u. oft mehr als 5 Kronblättern (monströse Form) bei Zimkendorf: Waldecke, Borgwall gegenüber.
β. virescens, F. — Kelch grünlich; Blumenkrone weisslich-grünlich. — Abtshagen, an der Chaussee im diesseitigen Walde. selten.

409. **G. urbanum,** Linn. — G. urb. *und* Benedicta, Gesner. Caryophyllata hortensis, Fuchs. — Vorstädte, H Graben u. a. O.

178. *Glaux*, *Dodon. Tournef.*
Sonst auch von Pflanzen aus Class. XVII. 4. Linn.
410. **Gl. maritima,** Linn. C. Bauh. — Gl. exigua mar. Lobel. — Strand, Frankenweide, Tribs. Feld u. a. O. *Lassan: Bauerberg.* Rügen.

179. *Glecoma*, *Linn.* (seit 1753.).
Glechoma, Linn. früher.

411. **Gl. hederaceum,** Linn. — Hedera terrestris Brunfels. — Wälle, Vorstädte, Strand u. a. v. a. O.
β. hirtum, F. — Blätter von dicht-stehenden, kurzen, steiferen Haaren graugrün. — Frankenwall, Tribs. Vorstadt.
γ. parviflorum, F. — Kleiner; auch die Blüthen kleiner, aber nicht die gewöhnl. Form mit kürzerer Kronröhre; Blumenkrone viel kleiner; Staubgefässe kürzer als die Kronröhre, unfruchtbar od. verkümmert. — Ufer am Knieperstrande; Voigdehäger Trift; Pennin, am südlichen Eingange.

412. **Gl. hirsutum**, W. u. Kit. — Hederae terrestri species montana, Camerar. (?) Priore hirsutior est, foliis majoribus — --, C. Bauh. — Im Garten der Herren Ziegler u. Brümer, nicht angepflanzt.

180. *Glyceria*, R. Brown.

413. **Gl. aquatica**, Wahlenbg. — Gl. spectabilis, M. u. Koch. Poa aqu., Linn. Gramen majus aquaticum, Lobel. — An den Teichen u. a. O.

Gl. aquatica, Presl. — Vid. Molinia aqu., Wibel.

414. **Gl. distans**, Wahlenbg. — Poa dist. („flosculis distantibus"), Linn. — Frankenweide, Strand, Tribs. Feld u. a. O. **R:** am Wampen u, a. O.

415. **Gl. festuceneformis**. Heynhold (bei Rehbch.). — An der alten Schiffswerfte, mehrere üppig gedeihende Pflanzen: seit einigen Jahren mit Planken belegt.

416. **Gl. fluitans**, R. Brown. — Festuca fl., Linn. Gramen — aquaticum s. fluitans, Jo. Gerard. — Knieperstrand, Schlachterweide u. a. v. a. O.

417. **Gl. maritima**, M. u. Koch. — Ährchen bis 10-blüthig. Die längeren Rispenäste nach dem Verblühen abstehend od. wagerecht-ausgestreckt od. herabgeschlagen. — Strand bei der Reiferbahn, Frankenweide; Hiddensee. **R:** Wampen, in der südl. Wiese nach dem Anger zu.

Gl. plicata, Fries — fand ich nicht.

181. *Gnaphalium*, Eur. Cordus. Vaill.

418. **Gn. dioicum**, Linn. — Parower Aussenkoppel; Heide bei Gr. Küdingshagen; Voigdehäger Moor u. a. O. *Lassan: Weide.* **R:** Wampen u. a. O.

419. **Gn. luteo-album**, Linn. — Bei Sandhagen am See; selten und klein.

420. **Gn. silvaticum**, Linn. — Arendsee, Neu-Zarrendorf, Ahtshagen u. a. O. **R:** *Puthus.* — Ändert ab mit unterwärts ästigem Stengel (Negast; selten) und mit unterwärts od. oberwärts rispigem Blüthenstande (Deviner Anlagen).

182. *Goodyera*, R. Brown.

421. **G. repens**, R. Br. — Satyrium r., Linn. Orchis minor radice repente, Camerar. — Denmin: erste Kiefern bei Vorwerk an der Chaussee nach Treptow. **R:** Ahl-Becker Kiefern, Granitz.

Gratiola officinalis, Linn. — Nach Weigel hier an 2 Orten: jetzt verschwunden.

183. *Gymnadenia*, R. Brown.

422. **G. conopsea**, R. Br. — Orchis c., Linn. Cynos-orchis c., Lobel. — *Greifswald: Hohenmühl, Hinrichshagen.* Grimmen: an der Trebel bei Vorland. **R:** Stubnitz.

184. *Gypsophila*, Linn.

423. **G. muralis**, Linn. — Caryophyllus minimus mur., C. Bauh. — Beim Lüdershäger Ellerholz (Billich).

Halianthus, Fries. — Vid. Honkeneya.

---

185. *Halimus*, Clusius. Wallroth.

424. **H. pedunculatus**, Wallr. — Atriplex pedunculata, Linn. Atr. maritima — folliculis - longo pediculo insidentibus, Plukenet. -- *Greifswald.* **R:** Drigge, Wiesen am Mäulen, häufig.

186. *Hedera*, Dalech. Tournef.

425. **H. Helix**, Linn. Dalech. — H. Graben u. Andershöfer Strand: kriechend, klein; Negast, Ahtshagen u. a. O. *Lassan: Bauerberg.* **R:** *Granitz, Stubnitz.*

187. *Heleocharis*, R. Brown.

426. **H. acicularis**, R. Br. — Scirpus ac., Linn. — Andershöfer u. Voigdehäger Teich; Horgwallsee bei Negast u. Lüssow. *Lassan: Weide.*

427. **H. palustris**, R. Br. — Scirpus pal., Linn.

428. **H. pauciflora**, Link. — Scirpus paucfilorus, Lightf. — Ist kein Scirpus: der verbreiterte, 3 kantige, auf der Innenseite runzlige, erhartende, bleibende Griffelgrund ist durch ein *nicht* eingeschnürtes, kaum sichtbares *Gelenk* mit der Frucht verbunden, durch einen Seitendruck leicht abzutrennen. — Am Krümmenhäger See bei Sandhagen und Negast: Kl. Kurdshagen in der Wiese am Fusssteige nach Gr. Küdingshagen; Neu-Preetz in der Wiese neben dem Gehölz unfern der Gr. Küdingshäger Scheide.

429. **H. uniglumis**, Link. - - Kl. Paschenberg. Allee an der Herrenwiese; Strand am Parower Haken u. bei Niederhof, u. a. O. *Lassan:* Wiese bei Waschow. Rügen. β. pallens, F. — Ähre weisslich, mit bleichen Deckschuppen. — **R:** Wampen, in der Wiese am Mäulen, mit der gewöhnl. Form.

188. *Helianthemum*, Val. Cord. Tourn.

430. **H. vulgare**, Gärtn. J. Bauh. — Cistus Hel., Linn. — Denmin: bei den Kiefern und der Gypsmühle.

189. *Helichrysum*, Lonicer. Vaill.

431. **H. arenarium**, De C. — Gnaphalium ar., Linn. — Die Var. β. aurantiacum (Pers.) ist keine: citrongelbe und rothgelbe Köpfchen finden sich oft auf *einem* Stengel. — Dänholm, Kugelfang, Heide bei Gr. Küdiugshagen, Parower Strand, Devin u. a. O. **R:** Wampen.

190. *Hepatica*, Brunsfels. Rupp.

432. **H. triloba**, Chaix. — Anemone Hep. („foliis trilobis"), Linn. Hep. trifolia, Clusius. — Negast, Ahtshagen. Denmin: Devensche Holz, häufig. *Lassan: Bauerberg.* **R:** *Prosnitz, Granitz, Stubnitz.*

191. *Heracleum*, (Dodon.) Linn.

433. **H. Sphondylium**, Linn. — Sphond. vulgare, Dod. β. glabrum, F. — Ganz kahl und glatt. — Denmin: Devensche Holz, mit der gemeinen Form, nicht häufig.

192. *Herminium*, Linn. R. Brown.

434. **H. Monorchis**, R. Br. — Hermin., Linn. Fl. lapp. n. Fl. suec. I. Ophrys Mon., Linn. Spec. Monorchis, Christ. Mentzel. Satyrii species — monorchis —, Gesner. — **R:**

Tribratz; am Sagardschen Bach; zwischen Bobbin und Campe.

193. Herniaria, Dodon. Tournef.
135. **H. glabra**, Linn. J. Bauh. - - Kugelfang. Parow, Dänholm, Deviner Ort u. a, O. **R:** Gustow u. a. O.

194. Herodium, L'Herit.
Wer Heleocharis u. s. w. schreibt, wird auch hier das **H** annehmen müssen.
136. **H. cicutarium**, L'Herit. — Geranium cic., Linn. Ger. cicutae folio —, C. Bauh. — ☉ u. ♂. Kommt auch aufrecht vor.
  β. maculatum, Koch. - Häufig.
Hesperis matronalis, Linn. — (H. inodora, Linn. Spec. II.) Verwildert.

195. Hieracium, Fuchs. Tournef.
437. **H. Auricula**, Linn. — Aur. muris minor, Frauken. — Voigdehäger Moor; an der Chaussee nach Abtshagen u. bei Grünhufe. *Lassan: am Wege nach Waschow.* **R:** *Ratswiek.*
  β. polycephalum. F. — Stengel 6 -12köpfig, meist höher. — Abtshagen, im diesseitigen Walde.
  γ. villosum, F. — Hüllkelch ausser der gewöhnl. Behaarung von längeren, ziemlich steifen, drüsenlosen, weisslich-grauen, am Grunde schwärzlichen Haaren etwas zottig; der Stengel oberwärts oft mit ähnlichen, längeren Haaren zerstreut-besetzt, meist 2köpfig, bisw. mit verlängerten (1 —2½" langen), aufrechten Blüthenstielen. Das Kraut gelblich-meergrün. — Abtshagen, auf einer Stelle an der Ostseite der Chaussee im diesseitigen Walde.
138. **H. boreale**, Fries. — H. sabaudum, Linn. Fl. succ. nach Wahlenbg. — H. Grahen, Chaussee nach Brandshagen. Ufer am Andershöfer Strande, Barther Landstrasse. Seeufer bei Lüssow u. a. v. a. O. — Der Stengel oft an der Spitze doldig-ästig. — Nicht selten (Ufer am Andershf. Strande, Parower Aussenkoppel. Martensdorf bei den Kiefern) ist eine Mittelform zwischen dieser Art und dem H. rigidum mit hellerem Hüllkelch und am Rande (auch getrocknet) bleichen Blättchen desselben.
  β. patulum, F. — Mittlere Blättchen des Hüllkelchs aufrecht- od. zurückgebogen-abstehend. — Keine eigentliche Var. nach Koch.
439. **H. dubium**, Linn. Spec. u. Fl. succ. — H. colliuum, Gochnat, H. prateuse, Tausch nach Koch. — *Greifswald: Hohenmühl. Anclam.*
440. **H. murorum**, Linn. Spec. mit Ausschl. der Var. γ. -- Tribsees: Plenniner Laubholz. Demmin: Devensche Holz. **R:** *Berger Holz.*
  β. silvaticum, Linn. - Demmin: Devensche Holz.
441. **H. Pilosella**, Linn. -- Pil. major. Fuchs. — Frankenweide, Strand, Wegränder u. a. v. a. O. — Der Purpurstreifen der randst. Blüthen ist oft verbleicht, kaum röthlich:

  β. concolor, F. — Blumenkrone der Randblüthen beiderseits gelb, aussen kaum blasser, aber ohne einen verbleichten Streifen. — Selten: an der Chaussee nach Pütte; im diesseitigen Abtshäger Walde.
442. **H. rigidum**, Hartm. — Niederhof, Negast, Abtshagen, Bussin u. a. O. — Der Stengel nicht selten an der Spitze doldig-ästig.
443. **H. Rothianum**, Wallr. — H. echioides, W. u. Kit. (?) Lumn. (?). — *Anclam.*
444. **H. umbellatum**, Linn. — Devin, Lüssow, Negast, Martensdorf u. a. v. a. O. Demmin. Rügen. — Der Stengel kommt nicht nur (niedrig) auch 1köpfig vor, sondern auch (höher) nicht selten an der Spitze in zerstreut-stehende Äste zertheilt, nicht doldig. Die Achänen sind merklich kleiner als an den beiden nächstverwandten Arten.
  β. coronopifolium, Koch. — Ufer am Andershöfer Strande u. a. O.
445. **H. vulgatum**, Fries. — H. murorum γ. Linn. Spec. (? vielleicht aber *nicht* Fl. succ. II.). — Parower Aussenkoppel; Ufer am Andershöfer Strande; Abtshagen, Zimkendorf. Tribsees: Plenniner Laubholz. Demmin: Devensche Holz.

196. Hierochloa (-cloë), Gmelin.
146. **H. odorata**, Wahlenbg. — Holcus odoratus, Linn. Grameu paniculatum odoratum, C. Bauh. — Am Strande nach Devin zu, ziceml. spärlich. *Greifswald.*

197. Hippophaë, Columna. Linn.
447. **H. Rhamnoides**, Linn. — Rhamn. florifera salicis folio, Tourn. Hiddensee. **R:** *Wittow, Stubnitz, Thiessow, Granitz.*

198. Hippuris. Linn.
Bei Bruntels u. A. s. v. a. Equisetum.
448. **H. vulgaris**, Linn. — Knieper-Mühlengraben, Andershöfer Teich, Borgwallsee, Proluer Trift u. a. O.
  β. coenosa, F. — Bis fusshoch, mit den Blättern des vorigergetauchten Theils der gewöhnl. Pflanze, fruchtbar u. unfruchtbar. — Auf feuchten, im Winter mit Wasser bedeckten Ufern: Borgwallsee bei Negast und bei Langendorf; zufällig, aus ausgeworfener Wurzel, am Knieper-Mühlengraben.

199. Holcus, (Anguillara.) Linn.
449. **H. lanatus**, Linn. — Gramen lanatum, Dalech, Kupferwiese u. a. v. a. O.
450. **H. mollis**, Linn. -- Gramen paniculatum molle —, Morisou. - Ufer am Andershöfer Strande: Negast, Sandhagen. Lassan: Weide.

200. Holosteum, Tabern. Dillen.
451. **H. umbellatum**, Linn. — Caryophyllus — umbellatus —, C. Bauh. Deich längs der Kupferwiese, Barther Landstrasse u. a. v. a. O.

201. **Honkeneya**, Ehrhart.
„Gerh. Aug. Honkeney"! Also nicht Honkenya.
152. **H. peploides**, Ehrh. — Arenaria pepl., Linn. Halianthus pepl., Fries. — Am Strande nach Devin u. bei Kl. Damitz. Greifswald: Wampen. Lassan: an der Peene beim Bauerberg. R: Altenfähr, am nördl. Strande; Grabler Strand u. a. O.

202. **Hordeum**, Brunfels. Tournef.
453. **H. murinum**, Linn. Caesalpin, — H. s. triticum mur., Dodon. — Vorstädte u. a. O.
454. **H. secalinum**, Schreb. — H. murinum β. Linn. Spec. H. pratense, Huds. (Linn. It. scan.(!) mit einer genauen Beschreibung). Gramen spicatum secalinum minus, Scheuchz. Nicht H. nodosum, Linn. Spec. II. — R: Wampen, am Rande des Angers längs der Wiese.
H. maritimum, Wither. — Für Greifswald und Rügen angegeben — ist ohne Zweifel die v. Art.

203. **Hottonia**, Boerhave.
455. **H. palustris**, Linn. — Viola pal., Hist. Lugd. — Tribs. Feld, Gr. Kädingshagen, Abtshagen u. a. O. Lassan.

204. **Humulus**, Fuchs. Linn.
456. **H. Lupulus**, Linn. — Lupulus officinis,vulgo Humulus, Fuchs. — H. Graben, Barther Landstrasse, Parow, Abtshagen u. a. O.

205. **Hydrocharis**, Linn.
457. **H. Morsus ranae**, Linn. — Mors. r., Dodon. — Knieper-Mühlengraben u. a. v. a. O.

206. **Hydrocotyle**, Tournef.
458. **H. vulgaris**, Linn. — Cotyledon aquatica, Lobel. — Die Blüthen stehen entweder kopfig (zu 3—7), oder (zahlreicher) kopfig-quirlig, oder (bis 21) quirlig-traubig, jede mit einem Deckblättchen gestützt. — Wiesen am Vogelsang, Parower Aussenkoppel, Langendorfer und Deviner Torfmoor, Negast, Martensdorf u. a. v. a. O. — In Torfgruben findet sie sich mit verlängertem, wagerecht-untergetauchtem Stengel und schwimmenden Blättern, trägt dann aber keine Blüthen.

207. **Hyoscyamus**, Brunfels. Tournef.
459. **H. niger**, Linn. Dodon. — Wälle u. Vorstädte, Strahlenhof, Gr. Kädingshagen, Parower Strand. R: Strand bei Altenfähr und an der Wumper Wiek.

208. **Hypericum**, Fuchs. Tournef.
460. **H. hirsutum**, Linn. — Androsaemum alterum hirs., Column. — Anclam.
461. **H. humifusum**, Linn. — H. — supinum — , Lobel. — Teschenhagen: Sandhagen, am Wege nach Lüssow u. nach Seemühl; Negast, Neu-Preetz, Prohn. Demmin: Devensche Holz. Lassan: Jasedow. R: Drigge, Putbus.
462. **H. montanum**, Linn. Fl. suec. H. Spec. H. — H. hirsutum α. Linn. Spec. 1. — Niederhof: Park. Trib-

sees: Plenniner Laubholz. Demmin: Devensche Holz. Lassan: Pinnow, Bauer. R: Stubnitz.
463. **H. perforatum**, Linn. — Herba perforata et Hyp. vulgare, Tragus. — Wegränder u. s. w.
464. **H. quadrangulum**, Linn. — Hyperici minor species caule quadrangulo foliis non perforatis, C. Bauh. — Deviner Anlagen; Gr. Kädingshagen: am Wege nach Grünhufe; Negast u. a. O.
465. **H. tetrapterum**, Fries. — Am Kupfergraben; bei Stadtkoppel u. a. v. a. O.

209. **Hypochaeris**, Tabern. Vaill.
Hypochaeris, sellner Hypochoeris, Linn.
466. **H. glabra**, Linn. — Hieracium -- folio — glabro, C. Bauh. -- Kl. Kädingshagen, Parow, Devin, Zitterpenningshagen, Wendorf, Sandhagen, Seermühl, Negast, Lüssow, Langendorf. Martensdorf. R: Altenfähr, Neschanz.
467. **H. maculata**, Linn. — Tribsees: Plenniner Laubholz. (Auf Usedom an mehreren Orten.)
468. **H. radicata**, Linn. — Hieracium longius radicatum, Lobel. Hier. macrorrhizon, Tabern. — Am Knieper-Mühlengraben; Heide bei Gr. Kädingshagen, Deviner Anlagen u. a. v. a. O.

210. **Hypopitys**, C. Bauh. Dillen.
Monotropa (Linn.) umfasst diese Gattung und Monotropa, Nutt.
469. **H. multiflora**, Scop. — Monotropa Hypopithys, Linn. Orobanche quae Hypopitys dici potest, C. Bauh. — Abtshagen, im diesseitigen Walde, selten. Greifswald: Hanshagen. Lassan: Buggow. R: Stubnitz, Granitz, Binz.

211. **Jasione**, Linn.
470. **I. montana**, Linn. — Rapuntium montanum —, Columna. — Kugelfang; Heide bei Gr. Kädingshagen, Devin u. a. O.

212. **Ilex**, Lonicer. Linn.
471. **I. Aquifolium**, Linn. — Aqu., Ruellius. H. aquifolia, Lonicer. — Abtshagen. Tribsees: Forkenbeck. Kienbakenhagen. Dars. Hiddensee. Greifswalder Oie. R: Schmale Heide, Stubnitz.

213. **Impatiens**, Dodon. Rivin.
472. **I. Noli tangere**, Linn. — Noli me tangere, Gesner. — Niederhof, Abtshagen u. a. O. Lassan: Watchow. R: Medars, Stubnitz.

214. **Inula**, Fuchs. Linn.
473. **I. Britannica**, Linn. — Brit. vera —, Hist. Lugd. — Kupferwiese, in Menge; Allee an der Herrenwiese; Negast, Lüssow, Parower Aussenkoppel u. a. O. Dars. Greifswald. Lassan: Waschow. Demmin. R: Wampen, besonders an der Wamper Wiek.
474. **I. Conyza**, De C. — Con. squarrosa, Linn. Con. major, Tragus. — R: Sassnitz, am Ufer neben dem Fusssteige zum Herrenbade.

475. **I. Helenium**, Linn. — Hel., Val. Cordus. — *Greifswald: Friedrichshagen, Grubenhagen, Hanshagen.* **R:** *Garz, bei Schmieterhagen.* — Ist wohl kaum ursprünglich heimisch: sie wurde vormals wegen ihres Gebrauchs häufig angepflanzt.

476. **I. hirta**, Linn. — Aster hirsutus, Io. Gerard. — *Dars.* **R:** *Jasmund.*

477. **I. salicina**, Linn. — Aster montanus luteus Salicis glabro folio, C. Bauh. — **R:** *Stubnitz.* Alles, was ich unter den beiden letzten Namen in Sammlungen heimischer Pflanzen sah, war I. Britannica; dennoch mögen sie an den a. O. vorkommen.

213. *Iris*, Brunfels. Linn.

478. **I. Pseud-Acorus**, Linn. — Pseudo-acorus, Matthiol. — Am Frankenteich u. a. O.

Isoëtes lacustre, Linn. — von Weigel für Voigdehagen angegeben, ist schon von ihm selbst (Obs. bot. pg. 36. sq.) zurückgenommen. — Es ist, nach der Entdeckung des Herrn Heinrich, die junge Pflanze des Juncus bufonius, deren erstes Blatt die Samenschale auf der Spitze trägt.

216. *Juncus*, Tragus. Tournef.

479. **I. alpinus**, Vill. - - Am Kl. Paschenberge; am Krummenbäger See bei Negast.

480. **I. balticus**, Willd. — Die innerste wurzelständige Scheide trägt bisw. ein spannenlanges Blatt. — *Zingst. Hiddensee. Rügen.*

481. **I. bufonius**, Linn. — Gramen — bufonium, Tabern. β. fasciculatus, Koch. — Frankenweide; bei Stadtkoppel: Kugelfang, Prohn, Neu-Preetz. **R:** Altenfähr, am nördl. Strande: Kl. Bandelvitz, auf einem Anger am Strande.
γ. viviparus, F.

482. **I. capitatus**, Weigel. — Gestielte Köpfchen 1—4 oder 0. — Am Wege nach Prohn; Laogendorf, nach Grünhufe zu, nördl. von der Chaussee; zwischen Borgwall u. Negast, und von hier nach Seemühl u. nach Sandhagen zu; zwischen Teschenhagen u. Voigdehagen. *Greifswald. Rügen.*

483. **I. compressus**, Jacq. — I. bulbosus, Linn. Spec. II. append. bis Syst. XIII. nach dem Citat: „I. compr., Jacq." — Ändert ab mit graubraunen Kapseln (gewöhnlich sind sie schwarzbraun) und (Frankenweide) mit einzeln-stehenden Blüthen.

484. **I. conglomeratus**, Linn. - - I. glomerato flore, Lobel. — Knieperstrand u. a. v. a. O.

485. **I. effusus**, (Var. α. Fl. succ. Vur. β. Spec.) Linn. — I. — panicula sparsa, Lobel. -- Imperf., u. a. v. a. O.

486. **I. Gerardi**, Loisel. — I. botanicus, Wahlenbg. — Samen merklich grösser als bei I. compressus. — Kl. Paschenberg, Franken- und Andershöfer Strand, Kl. Danitz. *Greifswald: Rotenthal, Rügen.*

487. **I. filiformis**, Linn. — **R:** *Casnevitz.*

488. **I. glaucus**, Ehrh. — I. inflexus Linn. mit Ausschl. der Varr. (?). I. inflexus, Scop. I. acumine reflexo major, C. Bauh. (nach Roth; von Linn. zu dem angeführten Namen citirt). — Barther Landstrasse, Knieper- u. Andershöfer Strand u. a. O.

489. **I. lamprocarpus**, Ehrh. — I. articulatus (α.), Linn. Spec. I. Fl. succ. II. Syst. X.
β. viviparus, Linn. Fl. succ. II. (Var. β. Spec. I.)

490. **I. maritimus**, Lamck. — I. acutus β. Linn. Spec. — *Deviner Ort; Sundische Wiese, Hiddensee.* **R:** *am Strande des Wampen.*

491. **I. obtusiflorus**, Ehrh. — I. articulatus (α.), Linn. Spec. II. Syst. XII. XIII. — Tribsees: Plenniner Moor. *Loitz: Trantower Moor.* Wahrscheinlich auch bei Lassan. **R:** *Garz.*

492. **I. silvaticus**, Reich. — I. articulatus γ. Linn. Spec. I. - - *Rügen.*

493. **I. squarrosus**, Linn. — Negast, Zarrendorf. *Greifswald: Helmshagen. Lassan: Silberkuhl.*

494. **I. supinus**, Mönch. — I. bulbosus β. Linn. Spec. I: „folio varians", Scheuchz. — Ist sehr veränderlich; aber mit den Varr. repens u. fluitans (bei Koch) verhält es sich wie mit den Varr. natans u. terrestre bei Polygonum amphibium: sie wachsen am günstigen Standorte mit einander u. mit der gewöhnl. Form auf einer und derselben Wurzel. — Übersehen ist von den Neueren, obgleich schon von Scheuchzer angedeutet, dass die Halmblätter kräftiger Pflanzen stielrund - zusammengedrückt, oberseits nur am Grunde rinnig, innen querwandig sind. — Andershof, Teschenhagen, Deviner Höfe, Wüstenfelde, Wendorf, Sandhagen, Negast, Martensdorf u. a. O. Zingst. *Lassan: Silberkuhl.*

217. *Juniperus*, Brunfels. Tournef.

495. **I. communis**, Linn. — I. vulgaris. Tragus. — Negast u. a. v. a. O.

218. *Knautia*, Linn.

496. **Kn. arvensis**, Coulter. — Scabiosa arv., Linn. Tabern. — Ändert in der Behaarung und in der Blattform mehr ab, als gewöhnlich angegeben wird, und ausserdem in der Länge der Staubgefässe: diese sind bald länger od. so lang od. kürzer als die Blumenkrone, bald eingeschlossen und in letzterem Falle (ein vielchig-2häusiges Geschlecht) andeutend, was ich noch bei keiner Pflanze aus der Fam. der Dipsaceen bemerkt gefunden habe) öfters unfruchtbar oder — bei 4theiliger Blumenkrone — gänzlich verkümmert, wobei jedoch Griffel und Narbe vollkommen ausgebildet sind.
β. campestris, Koch. — Häufig.

219. *Koeleria*, Persoon.

497. **K. cristata**, Pers. — Poa cr., Linn. Syst. XII. Aira cr., Linn. Spec. Gramen spica cristata hirsutum, C. Bauh. — An der Barther Landstrasse diesseits Kl. Kordshagen

(von mir nicht wiedergefunden). Demmin: an den Kiefern und jenseits derselben am steilen Abhange.

498. **K. ginuen,** De C. — **R: Schmale Heide.**

220. ***Lactuca,* Fuchs. Tournef.**

499. **L. muralis,** Less. — Prenanthes mur., Linn. Sonchus — mur. —, C. Bauh. — Niederhof. Negast, Abtshagen u. a. O.

500. **L. Scariola,** Linn. — Scarriola, Eur. Cordus. — An der Stadtmauer, den Festungswerken; Chaussee nach Negast.

L. sativa, Linn. — Bisw. an Wegen und auf Schuttstellen.

221. ***Lamium,* Fuchs. Tournef.**

A. *Ausdauernde Arten.*

501. **L. album,** Linn. Tabern. — Festungswerke, Vorstädte u. a. v. a. O.

502. **L. maculatum,** Linn. C. Bauh. — Urtica mortua maculis albis aspersa, Column. — **R : Putbus.**

B. *Einjährige Arten* (⊙ u. ♂).

1) *Kronröhre ohne Einschnürung, innen ohne Haarkranz.*

Die Kronröhre ist hier nicht immer innen ganz nackt: bei L. incisum und L. intermedium nebst deren Bastarden findet sich an der Mitte des Rückens nicht selten eine ziemliche Anzahl auf der Wand der Kronröhre senkrecht-stehender, kurz-borstenförmiger, stumpfer, bald zerstreuter, bald fast gehäufter blumenblattiger Haare, die durch ihre höhere Einfügung, ihre Anordnung und Richtung von dem Haarkranz sich unterscheiden.

503. **L. amplexicaule,** Linn. — L. folio caulem ambiente, C. Bauh. — Kronröhre gerade, schlanker als bei den übrigen. Die blüthenständigen Blätter (wenigstens die oberen) sind gewöhnlich gekerbt-gelappt, mit ganzrandigen od. stumpf-gekerbten Lappen, das unterste Paar derselben oft gestielt; viel seltner finden sie sich — fast den unteren gleich — stumpf-gekerbt. — Kommt — wenigstens in trocknen Jahren — den ganzen Sommer hindurch auch heimlich-blühend vor.

504. **L. intermedium,** Fries. — Kronröhre über dem Grunde aufwärts-gekrümmt, seltner gerade, weiter als bei den verwandten Arten. Die blüthenständigen Blätter sind seltner od. doch schwächer gelappt, als bei der v. Art, aber der endständige Lappen tritt mehr hervor, wodurch namentlich die obersten Blätter spitziger werden, und derselbe ist meist breiter und länger als die übrigen und oft gekerbt-3zähnig. — Kommt, wiewohl seltner, im Frühling auch heimlich-blühend vor. — Ziemlich häufig.

505. **L. incisum,** Willd. — L. foliis profunde incisis, Plukenet. (?). — Kronröhre gerade od. über dem Grunde aufwärts-gekrümmt. — Kommt im Frühling bisw. auch heimlich-blühend vor. — Häufig.

2) *Kronröhre über dem etwas dickwandigeren Grunde eingeschnürt und daselbst innen mit einem Haarkranz,* aufwärts-gekrümmt oder gerade.

506. **L. purpureum,** Linn. — Urtica non mordax — foetens purpurea, Lobel. — Kommt ebenfalls, wiewohl nicht häufig, heimlich-blühend vor, sogar in der Mitte des Sommers.

Bastarde der 1jährigen Arten

sind auf der hiesigen Feldmark sehr zahlreich und mannichfaltig, oft wahrscheinlich in der Rückbildung begriffen oder durch doppelte Kreuzung entstanden, und daher nicht immer mit Sicherheit zu bestimmen od. mit Worten deutlich zu machen. Die nachfolgenden denke ich richtig unterschieden zu haben. — Der Name derjenigen Pflanze, welche nach meiner Ansicht den Samen getragen hat, ist hier wie in anderen Gattungen als zweiter gesetzt worden.

I. *Kelch und Blumenkrone wie bei* L. amplexicaule. — Oft, auch in der Mitte des Sommers (in dem trockenen Jahr 1859), heimlich-blühend.

a) 505 + 503. **L. inciso-amplexicaule,** F. — Unterscheidet sich von L. amplexicaule durch die spitzeren, tiefer u. häufiger gekerbten oberen blüthenständigen Blätter.

b) g + 503. **L. inciso-purpureum-amplexicaule,** F. — Unterscheidet sich von **a)** durch die herzeiförmigen, gekerbt-gesägten mittleren Stengelblätter, von L. inciso-purpureum durch den Kelch und durch die obersten breiteren, sitzenden, am Grunde nicht keiligen Blätter. — Ich fand es nur heimlich-blühend (Jul.).

II. *Kelch wie bei* L. purpureum.

c) 505 + 504. **L. inciso-intermedium,** F. — Unterscheidet sich von L. intermedium durch die fast 3eckig-herz-eiförmigen, spitzeren, eingeschnitten-, fast gesägt-gekerbten obersten Blätter. Die ersten Blüthen der Blüthenquirle oft nur mit ¹⁄₂ — ¹⁄₂, so langer Blumenkrone. — Oft von üppigem Wuchs und sehr grossblättrig, wie auch die flg. Form.

d) g + 504. **L. inciso-purpureum-intermedium,** F. — Unterscheidet sich von **c)** hauptsächlich durch die an allen od. den meisten Blüthen mit deutlicher Einschnürung und schwachem Haarkranz versehene Kronröhre; seltner ist letztere an allen Blüthen innen nackt.

e) 504 + 505. **L. intermedio-incisum,** F. — Unterscheidet sich von **c)** hauptsächlich durch die obersten Blätter, die länger gestielt und an dem etwas keiligen Grunde nicht od. kaum herzförmig sind; scheint auch nicht die Grösse jener Form zu erreichen. — Selten.

f) 505 + g. **L. intermedio-inciso-purpureum,** F. — Unterscheidet sich von **d)** hauptsächlich durch die länger gestielten obersten Blätter. — Auch hier finden sich Pflanzen, n. zwar nicht selten, an deren sämmtlichen Blüthen die Kronröhre ohne Einschnürung und Haarkranz ist, ohne dass sich sonst eine grössere Ähnlichkeit mit L. intermedium zeigte, was ich mir nicht zu erklären weiss. — Nicht selten.

g) 505 + 506. L. inciso-purpureum. F. — Hieher wahrscheinlich L. purpureum β. decipiens, Souder. — Obere Blätter eiförmig, breiter und schmaler, mit gerundeten od. ziemlich geraden Seiten, an dem etwas keiligen Grunde meist herzförmig, ungleich-eingeschnitten und gekerbt-gesägt; oberste Blattstiele deutlich verbreitert. Kronröhre etwas gekrümmt od. gerade, mit Einschnürung und Haarkranz; die ersten Blüthen der Blüthenquirle oft kleiner und alsdann bisw. ohne merkliche Einschnürung, seltner auch ohne Haarkranz. Auch heimlich-blühend. — Sehr häufig; auch bei Voigdehagen vorkommend.

h) 506 + 505. L. purpureo - incisum, F. — Hieher wahrscheinlich L. incisum, Benth., das Koch sich nicht zu erklären wusste. — Obere Blätter denen des L. incisum mehr od. minder ähnlich, oft von ihnen gar nicht zu unterscheiden. Kronröhre gerade od. etwas gekrümmt: Einschnürung schwach od. unmerklich; Haarkranz meist vorhanden. Die ersten Blüthen der Blüthenquirle oft mit nur ¹⁄₂ so grosser Blumenkrone und innen nackter Kronröhre, bisw. unfruchtbar. Von L. incisum ist diese Form oft allein durch den Haarkranz unterschieden; bei der *Rückbildung* (?) zu letzterem fehlt derselbe auch bei manchen grösseren, vollkommen ausgebildeten Blumenkronen. — Sehr häufig; auch neben der Barther Landstrasse auf den Äckern von Grünhufe und Gr. Kädingshagen vorkommend.

222. *Lampsana*, Dodon. Vaill.
Lapsana, Linn. nach 1737.

507. **L. communis,** Linn. — Wälle, Vorstädte u. a. O.

223. *Lappa*, Brunfels. Tournef.

508. **L. major,** Gärtn. Brunfels. — Arctium Lappa (α.), Linn. mit Einschl. der flg. Art. — Köpfchen etwa 90 — 110blüthig. — Frankenvorstadt: an der Überfahrt nach dem Dänholm; Barther Landstrasse; Parow: an den Gehölzen hinter der Aussenkoppel.

509. **L. minor,** DC. (nicht der alten Botaniker). — Arctium Lappa (α.), Linn. mit Einschl. der v. Art. — Köpfchen etwa 30 - 50blüthig. Blumenkrone meist hellpurpurn. — Vorstädte.

β. thyrsiformis, F. In allen Theilen kleiner, etwa spannenhoch; Äste verkürzt, die untersten 2 — 3köpfig, die übrigen meist 1köpfig. Köpfchen etwa 15 — 20blüthig. Achänen merklich kleiner. — Bei Andershof auf Sandboden.

γ. silvatica, F. — Fast in allen Theilen *doppelt so gross* als die Hauptform. Äste sehr schlank, bogig-überhangend, die untersten niederliegend. Köpfchen doppelt so breit und nebst den Blättchen des Hüllkelchs doppelt

so lang, die Achänen um ¹⁄₃ länger als bei der gewöhnl. Form. Eine sehr auffallende Var. — Demmin: auf einer Lichtung im Devenschen Holz.

510. **L. tomentosa,** Lamck. — Arctium Lappa β. Linn. Lappa major montana capitulis tomentosis, C. Bauh. — Köpfchen etwa 50 — 70blüthig. Blumenkrone meist dunkelpurpurn. — Vorstädte, Barther Landstrasse. — Geht mit Köpfchen, die nach dem Aufblühen nur am Grunde ein wenig spinnwebig sind, über in die Varietät:

β. calva, F. — Hüllkelch ganz kahl, glänzend-grün, später oft purpurbraun. — Nicht selten.

γ. ochrophylla, F. — Innere Blättchen des Hüllkelchs bleich, nicht gefärbt. — An der Tribs. Vorstadt.

δ. albiflora, F. — Blumenkrone und innere Blättchen des Hüllkelchs weiss; die Staubbeutel hell-graublau. — Um die Tribs. Vorstadt; zerstreut.

Bastarde:

509 + 510. **L. minori-tomentosa,** F. — Blüthenstand durch die an der Spitze etwas stärker entwickelten Äste weniger deutlich ebensträussig, als bei L. tomentosa. Hüllkelch mehr od. minder spinnwebig: innere Blättchen gefärbt, theils pfriemenförmig-hakig, theils verschmälert-spitz und stachelspitzig, theils stumpf mit aufgesetzter Stachelspitze. — Parow: Trift am nördl. Ende des Dorfs.

510 + 509. **L. tomentoso - minor,** F. — Blüthenstand zwischen dem der Eltern schwankend, weder ebensträussig wie bei L. tomentosa, noch vollkommen traubig wie bei L. minor, und vielleicht niemals mit an der Spitze der Äste und Ästchen fast geknäuelten Köpfchen, übrigens bisw. sogar auf *einem* Stengel bald der einen Form, bald der anderen sich mehr nähernd. Hüllkelch etwas spinnwebig: innere Blättchen gefärbt, theils pfriemenförmig-hakig, theils verschmälert-spitz und stachelspitzig, theils — aber selten — stumpf mit aufgesetzter Stachelspitze. — Parow: mit der v.

510 + 508. **L. tomentoso - major,** F. — Blüthenstand wie bei den Eltern. Hüllkelch schwach-spinnwebig: innere Blättchen gefärbt, theils pfriemenförmig-hakig. theils verschmälert-spitz od. stumpflich mit gerader od. fast gerader, meist starrer Stachelspitze. — Im Ganzen vom Aussehen der L. major, minder (?) hoch. Das eigentlich blumenblattige, weiche Spitzchen der inneren Hüllkelchblättchen von L. tomentosa habe ich nicht gefunden. — Kramerhof: diesseit des Dorfes am Wege dahin; vielleicht auch an der Barther Landstrasse.

224. *Lappula*, Dalech. Rivin.

Dieser von Mönch (1802.) wieder aufgenommene Name ist der ältere: Echinospermum (Swartz, mscr.) ist erst von Lehmann eingeführt worden.

511. **L. rustieorum,** F. Dalech. (die älteste Bezeichnung). — L. Rivini, Rupp. L. Myosotis, Mönch (nach einer nicht gewöhnl. Methode). Myosotis Lappula, Linn. Echinosper-

225. Laserpitium, Morison. Tournef.

512. L. latifolium, Linn. — L. lat. vulgatius, Moris. — Greifswald. R: Granitz.

226. Lathraea, Linn.

513. L. Squamaria, Linn. — Squ., Rivin. Squamatia, Lonicer. Clandestina, Tourn. — Parower Park. Greifswald: Eldena. Anclam. Lassan: Pulow.

227. Lathyrus, Dodon. Linn.

Mit Einschl. von Arten des Orobus, Linn.

511. L. montanus, Bernh. — L. — radice tuberosa, Loesel. Orobus tuberosus, Linn. — Negast. Tribsees: Lindenbusch bei Semlow. Barth: Divitz; Arbshagen. Anclam. Lassan: Baggenhagen. Rügen.

515. L. niger, Wimm. — Orobus n., Linn. — Demmin: Devensche Holz. R: Granitz, Prora, Stubnitz.

516. L. paluster, Linn. Rupp. — Wiesen um den Knieperteich und den Vogelsang. Lassan: Vorwerk; Baggenhagen.

517. L. pratensis, Linn. Rivin.

518. L. silvester, Linn. Dodon. -- Lüssow: am Seeufer, häufig: Gr. Zansebur: an der Landstrasse diesseit des Dorfs. Greifswald. Wolgast. Lassan: Pulow, R: Stubnitz.

519. L. tuberosus, Linn. — L. arveusis repens tub., C. Bauh. — R: Ralswiek, Medars, Neu-Pastitz.

520. L. vernus, Bernh. — Orobus v., Linn. Or. silvestris vernus, Thal. — Tribsees: Camitzer Laubholz. R: Stubnitz, Granitz.

228. Ledum, Lobel. Rupp.

521. L. palustre, Linn. - Rosmarinus palustris, Tillauds. -- Negast. Zarrendorf u. a. O. Dars. Zingst. Greifswald: Helmshagen. Lassan: Silberkuhl. R: zwischen Tribratz und der Granitz.

229. Lemna, Linn. (Hist. Lugd.)

522. L. gibba, Linn. — Lenticula — inferne magis convexa, Michel. Telmatophace gibba, Schleiden.

523. L. minor, Linn. — Lenticularia min. monorrhiza, Michel.

524. L. polyrrhiza, Linn. — Lenticularia major, pol., Michel. Spirodela pol., Schleiden.

525. L. trisulca, Linn. — Lenticula aquatica tris., C. Bauh.

Lens esculenta, Mönch. — Bisw. verwildert.

230. Leontodon, Linn.

526. L. autumnalis, Linn. — Das unterste der aststützenden, meist schuppenförmigen Blätter ist nicht selten blattig, lineal od. lanzettförmig-lineal, ganzrandig od. gezähnt.

β. pratensis, Koch. — Nicht selten.

527. L. hispidus, Linn. Spec. mit Ausschl. der Varr. — L. hastilis, Linn. bei Koch, vorangestellt und hernach auf die Var. β. hier unten bezogen: mir scheint unter letzterem Namen nach L.s Diagnose, dem Standort („in Europa australi") u. dem Zeichen ☉ eine fremde Art verstanden werden zu müssen, während der hier vorangestellte Name ganz sicher ist und dazu die überall vorkommende Hauptform bezeichnet. — Nicht selten (an der Chaussee diesseits Andershof u. bei Teschenhagen, in den Deviner Anlagen, an der Barther Landstrasse u. a. O.) ist eine Abänderung im Wuchs: der Wurzelkopf verlängert sich ein wenig, so dass die Blätter sich deutlich über einander stellen, und treibt aus der Spitze einen meist 2—3köpfigen Stengel, dessen seitenständige Blüthenstiele ein schuppenförmiges, od. den untersten ein blattiges Deckblatt stützt, wobei zuweilen noch ein 1köpfiger Blüthenstiel abgesondert in der Achsel eines der unteren Blätter steht.

β. glabratus, Koch (nach ihm das wahre L. hastile, Linn.). — Ganz kahle Pflanzen fand ich noch nicht.

231. Leonurus, Rivin.

528. L. Cardiaca, Linn. — Card. vel Lycopus, Fuchs. — Frankenvorstadt, Devin, Brandshagen, Windebrak, Parow, Prohn u. a. O. Lassan. R: Gustow.

232. Lepidium, Fuchs. Linn.

529. L. campestre, R. Brown. — Thlaspi camp, Linn. — Rügen.

530. L. ruderale, Linn. — Wallgang, Tribs. Vorstadt, Dänholm. R: Altenfähr.

L. sativum, Linn. — Bisw. auf Äckern; schwerlich beständig.

Lepigonum, Wahlbg. — Vid. Spergularia.

233. Lepturus, R. Brown.

531. L. filiformis, Trin. — Rügen.

234. Leucanthemum, Clusius. Adans.

532. L. vulgare, Lamck. Tourn. --Chrysanthemum Leuc., Linn. Bellis major silvestris, Fuchs.

Leucoium vernum, Linn. — In Gehölzen u. dgl. O. bisw. anscheinend wie wildwachsend.

Levisticum officinale, Koch. — In Dorf- u. Baumgärten, in Folge früherer Anzucht.

235. Libanotis, Lobel. Crantz.

533. L. montana, Allion. — Apium petraeum s. montanum, J. Bauh. Athamanta Lib., Linn. R: Stubnitz.

236. Ligustrum, Brunfels. Tournef.

534. L. vulgare, Linn. Tragus. — Anclam (?). R: Jasmund (verwildert?).

237. Limnanthemum, Gmelin.

535. L. Nymphoides, Link. — L. peltatum, Gmel. (1769.). Menyanthes Nymph., Linn. Nymph. —, Tourn. Nymphaea lutea minor flore fimbriato, C. Bauh. — Lassan: in der Peene, häufig (Heinrich).

238. Limonium, Matthiol. Tournef.
Vgl. bei Statice.

536. L. vulgare, Münch. — L. maritimum —, C. Bauh.
Statice Lim., Linn. — Dars, Zingst.

239. Limosella, Lindern (1728.)

537. L. aquatica, Linn. — Plantago aqu. minima, Clusius. Lim. annua, Lindern. — Martensdorf: an der Lache vor dem Dorfe, unfern der Chaussee (1857. Vorher dort von mir nie gesehen; ob noch vorhanden?).

240. Linaria, Brunfels. Ririn.

538. L. arvensis, Desfont. — L. arv. caerulea, C. Bauh. Antirrhinum arvense, Linn. — Zwischen Zitterpennings-hagen und Teschenhagen.

539. L. minor, Desfont. — Antirrhinum minus, Linn. Ant. arvense minus, C. Bauh. — R: am östl. Strande von Jasmund, bei Sassnitz u. an der Stubnitz auf mehreren Stellen. Bei Str. hin u. wieder als Gartenunkraut.

540. L. striata, De C. — L. — flore — striato, Dillen. Antirrhinum repens, Linn. und A. monspessulanum, Linn. — In der Ballastkiste, eine Reihe von Jahren hindurch; jetzt mit der Ballasterde weggeführt.

541. L. vulgaris, Mill. Tragus. — Antirrhinum Lin., Linn.
β. pallida, F. — Blumenkrone gelblich - weiss; Gaumen lichtgelb. — Ufer am Andershöfer Strande; selten um Voigdehagen.

241. Linnaea, Gronovius.

542. L. borealis, Linn. — Nummularia norwegica, Kylling. Petiver. — Greifswald: Hausbäger Holz, nach Carbow zu.

242. Linosyris, Lobel. Cassin.

543. L. vulgaris, Cass. — L. nuperorum, Lobel. Chrysocoma Lin., Linn. — Anclam.

243. Linum, Brunfels. Dillen.

544. L. catharticum, Linn. — L. silvestre catharct., Jo. Gerard. — An der Kupferwiese u. a. v. a. O. R: zwischen Tribratz und Dollan.

L. usitatissimum, Linn. mit Aussehl. der Varr. γ. und (?) δ. — An Wegen u. a. O. wie heimisch, jedoch meist nur die Var. α. vulgare, Schübl. u. Mart.

244. Liparis, Richard. (Gesner.)

545. L. Loeselii, Rich. — Sturmia Loes., Rehenbeh. Ophrys Loes., Linn. Ophris diphyllos bulbosa, Loesel. — Negaster Moor. Greifswald: Behrenhöfer Moor.

245. Listera, R. Brown.

546. L. ovata, R. Br. — Ophrys ov., Linn. — Parow: Elsbrüche hinter der Aussenkoppel; Gr. Kädingshagen: Heidestelle in den Wiesen neben der Heide; Lüssow: am See, sehr häufig; Negast, Pennin, Zinkendorf u. a. O. Greifswald: Hohenmühl. R: Putbus, Serpin.

246. Lithospermum, Brunf. Tourn.

547. L. arvense, Linn. — L. arv. radice rubra, Matthiol.

548. L. officinale, Linn. — L. legitimum, Clusius. Milium Soler Mauritanis, quod in montibus Soler frequenter nascatur: hinc vulgo milium Solis inepte dicitur, C. Bauh. — H. Graben, häufig; Ufer am Andershöfer Strande, Demmin: Haus Demmin, Greifswald. Loitz, Anclam. Wolgast. Hiddensee. R: Arcona.

247. Littorella, Bergins (Act. holm.).

549. L. lacustris, Linn. Mant. II. — Plantago uniflora, Linn. Spec. I, Pl. palustris —, Tourn. Gramen junceum — palustre —, Plukenet. — Am Borgwallsee.

248. Lolium, Tragus. Linn.

550. L. arvense, Wither. — L. lin:cula, Sonder. — Unter Lein nicht selten.

551. L. festucaceum, Link. — Festuca luliacea, Huds. — Halm glatt. Ähre aufrecht, unterwärts traubig: unterste Blüthenstiele [1] ,—6''' lang. vor u. nach dem Blühen in den rinnigen Ausschnitten der Spindel dicht-anliegend. Obere Balgklappe ungefähr so lang als die nächste Blüthe; untere Balgklappe an den gestielten Ährchen vorhanden, meist vollkommen, 3nervig. an den sitzenden fehlend od. verkümmert, od. 2spaltig, 2theilig, wie bei L. perenne. Ährchen 9—15blüthig. während des Blühens frei-abstehend. Jüngere Blätter einfach-zusammengefaltet. — Kann leicht für L. perenne od. für die wehrlose Form von L. italicum angesehen werden; die Ähre ist öfters zusammengesetzt od. rispig-ästig. — Selten: in der Kupferwiese und am H. Graben.

552. L. italicum, Al. Braun. — Frankenwall, dem Stadt-Lazareth gegenüber (die begrannte Form; vielleicht angesäet); am H. Graben (die wehrlose Form), sehr selten.

553. L. perenne, Linn.
β. vaginatum, F. — Halm an der Spitze (¼—1½'' unter der Ähre) mit einer (2—3'' langen) bis auf den Grund 2theiligen, blattlosen Scheide besetzt. R: Altenfähr, an würdl. Strande; sehr selten.

554. L. temulentum, Linn. — L. et triticum tem., Lobel.

Lonicera, Linn. — Vid. Periclymenum u. Xylosteum.

249. Lotus, Dodon. Ririn.

555. L. corniculatus, Linn. — Trifolium corniculatum, Dodon.

556. L. tenuifolius, Rehenbch. — L. corniculatus γ. tenuif., Linn. Lot. pentaphyllos — tenuissimis — foliis, C. Bauh. — Greifswald: bei Wiek.

557. L. uliginosus, Schkuhr. — L. corniculatus β., Linn. L. pentaphyllos major et erectus, Gesner. — Auf feuchtem, nacktem Boden liegen alle Stengel nieder; auf trocknem, kurzgrasigem Boden (Heide bei Gr. Küdingshagen) sind sie ausgebreitet, aufstrebend, das Kraut meergrün. — Kupferwiese u. a. v. a. O.

Lupinus angustifolius, Linn. und **Lup. luteus**, Linn. — Jetzt, bei dem häufigen Anbau, auf Äckern und an Wegen oft verwildert.

250. *Luzula*, Anguillara. De Cand.

„Gramen rore lucidum", Chabraeus.

558. **L. campestris**, De C. — Juncus camp., Linn. mit Ausschl. aller Varr. Gramen Luzulae minus, J. Bauh.

559. **L. multiflora**, Lej. — Juncus campestris ∂. Linn. (?). — Negast, Sandhagen, Abtshagen u. a. O. *Lassan:* im rothen Moor.

β. pallescens, Koch (Var. ε.). — Parow: Aussenkoppel; Zarrendorf.

560. **L. pilosa**, Willd. — Juncus pilosus, Linn. mit Ausschl. aller Varr. Gramen silvaticum quartum s. pilosum, Tabern. — Negast u. a. v. a. O.

561. **L. silvatica**, Gaud. — Juncus silvaticus, Huds. Juncus pilosus ∂. Linn. Luz. maxima, De C. Gramen hirsutum latifolium maximum, juncea panicula, Morison. *Greifswald.*

251. *Lychnis*, Dodon. Tournef.

Vgl. Coronaria und Viscaria. — Den Koehlingschen, von Fries wieder aufgenommenen Namen Melandryum beschränke ich auf Class. X, 3. und unterscheide die verwandten Gattungen in folgender Weise:

I. Kapselzähne und Griffel gleichzählig.

1. Coronaria, Linn. X, 5. — Kapsel 1fächerig, 5zähnig.

2. Agrostemma, Linn. X, 5. — Wie die v., unterschieden durch den 5spaltigen Kelch, die am Schlunde nackte Blumenkrone, die am Grunde beiderseits geflügelten Nägel der Kronblätter, und durch die ringsum behaarten Narben.

3. Viscaria, Rupp. X, 5. — Kapsel halb-5fächerig, 5zähnig.

II. Kapselzähne 2mal so viele als Griffel.

4. Silene, Linn. X, 3. — Kapsel halb-3fächerig, 6zähnig.

5. Melandryum, Fries. X, 3. — Kapsel 1fächerig, 6zähnig.

6. Lychnis, Tourn. X, 5. — Kapsel 1fächerig, 10zähnig.

562. **L. alba**, Mill. — L. dioica β. Linn. alba, Wilke (Fl. grypb. 1765.). L. silvestris alba, Dodon. L. vespertina, Sibth. — Die Platte der Kronblätter ist beiderseits am Rande entw. ganzrandig, od. gezähnelt, od. eingeschnitten-1zähnig mit einem stumpfen, lineal-länglichen od. linealen Zahne (fast ungleich-4spaltig).

563. **L. rubra**, Patze, Mey. u. Elk. — L. dioica α. Linn. rubra, Wilke. L. silvestris rubra, Camerar. L. diurna, Sibth. — H. Graben, Parow, Zimkendorf. Pennin, Abtshagen, Niederhof u. a. O. häufig. Die Pflanzen dieser Standorte sind jedoch noch weiter zu prüfen, da ich die erste der nachfolgenden Bastardformen erst später unterschieden habe, und diese — wie ich jetzt bestimmt weiss — nicht auf den unten angegebenen Standort beschränkt ist.

Bastarde:

562 + 563. **L. albo-rubra**, F. — Von L. rubra durch Folgendes unterschieden: Blätter schmaler, allmähliger und schwächer zugespitzt; Stengel oberwärts nebst den oberen Blättern, den Blüthenstielen und Kelchen minder zottig, aber zugleich *drüsenhaarig.* Übrigens ist der Fruchtkelch vor dem Vertrocknen oft etwas aufgeblasen, die Kapsel ein wenig dicker; die Blumenkrone ist bald grösser, mit breiteren, einander berührenden, beiderseits am Rande bisw. eingeschnitten-1zähnigen Platten und schief-verkehrt-eiförmigen Zipfeln der Kronblätter, bald kleiner, wie bei L. rubra, wobei auch oft eine breitere Blattform u. eine Verminderung der Drüsenhaare eintritt, wahrscheinlich eine Rückbildung zu letzterer. Die unteren blüthenständigen Blätter sind, wie auch bei L. alba, öfters spärlich grob-gezähnt. Blumenkrone Tags offen, schön-purpurn, selten weiss, Abends wohlriechend. — H. Graben, von der untersten Brücke (in der Kupferwiese) aufwärts, u. a. O.

563 + 562. **L. rubro-alba**, F. — Von L. alba durch Folgendes unterschieden: die Blätter etwas breiter, stärker zugespitzt, weniger grau, oft nebst dem Stengel violett-braun überlaufend. Blüthenstiele und Kelche ausser der drüsigen Behaarung etwas zottig. Fruchtkelch aufgeblasen wie bei L. alba. Kapsel mit gerade-abstehenden Zähnen aufspringend, von derselben Grösse wie bei dem v. Bastard. Die Blumenkrone Tags geschlossen, heller und dunkler gefärbt, hell-roseuroth bis schön-purpurn, an der weibl. Pflanze oft merklich kleiner. — Am H. Graben mit der v., aber selten.

Lychnis barbarum, Linn. — Bisw. verwildert.

252. *Lycopodium*, Dodon. Linn.

564. **L. annotinum**, Linn. — „Surculis annotino-contractis". „Rami ad genicula annotina contracti". Linn. — Parower Aussenkoppel, sehr selten. *Zwischen Arendsee und Benkenhagen.* **R:** Stubnitz.

565. **L. clavatum**, Linn. — Muscus clavatus, Lobel. — Negaster Heide, jetzt vielleicht verschwunden; an a. O. um Str. jetzt durch Aufbruch des Bodens vertilgt. *Greifswald: Eldena, Haushagen, Koitenhagen.* **R:** zwischen Tribrats und Ahlbeck; Patziger Heide.

566. **L. inundatum**, Linn. — Martensdorf: Torfgrube neben dem Wege nach Gr. Zansebur, selten. Moor bei Arendsee.

567. **L. Selago**, Linn. — Selago tertia, Thal. **R:** Stubnitz, selten.

253. *Lycopsis*, Dodon. Linn.

568. **L. arvensis**, Linn.

254. *Lycopus*, (Lonicer.) Tournef.

569. **L. europaeus**, Linn. — Am Frankenteich n. a. v. a. O.

255. *Lysimachia*, Fuchs. Tournef.

570. **L. nemorum**, Linn. — Anagallis lutea nem., C.

32 Lysimachia.

Bauh. — *Anclam.* **R:** Boldewitzer Holz; *am Wege von Bergen nach der Lietzower Fähre;* Stubnitz; *Medars.*
571. **L. Nummularia,** Linn. — Numm., Fuchs. — Chaussee nach Negast u. a. v. a. O.
572. **L. thyrsiflora,** Linn. — Kelch u. Blumenkrone oft 6—7theilig. — Neben dem Frankenteich am Wege nach Knöchelsöhrn; um den Vogelsang; Parow, Negast u. a. O. *Greifswald. Lassan.*
573. **L. vulgaris,** Linh. — L. lutea, Tragus. — Am Frankenteich; Kupfermiese, Parow u. a. O. — Die Form mit langen Ausläufern (L. paludosa, Baumg.) iu den Torfgruben des Voigdehäger Moors.

256. *Lythrum,* Linn.
Lytrum, Lonicer. = Isatis, Tourn.
574. **L. Salicaria,** Linn. — Sal. vulgaris purpurea, Tourn. (Salicaria, Gesn. = Lysimachia vulgaris.) — Barther Landstrasse u. a. v. a. O.

257. *Maianthemum,* (Siegesbeck.) *Weber.*
575. **M. bifolium,** De C. — Couvallaria bifoha, Linn. Bifolium 1., Lonicer. — Stengel selten 3blättrig. — Parower Aussenkoppel, Negast u. a. v. a. O.

258. *Malachium,* Fries.
576. **M. aquaticum,** Fries. — Cerastium aqu., Linn. — Um die Vorstädte, Grünhufe, Teschenhagen, u. a. v. a. O.

259. *Malaxis,* Swartz.
577. **M. monophyllos,** Swartz. — Ophrys mon., Linn. Pseudo-orchis mon., Clusius. — **R:** Granitz, bei Kieköwer.
578. **M. paludosa,** Swartz. — Ophrys pal., Linn. — Negaster Moor, mit Scheuchzeria palustris. *Greifswald: Kieshöfer Moor.*

260. *Malva,* Fuchs. Linn.
579. **M. Alcea.** Linn. — Alcea et herba Simeonis, Brunfels. — Ufer am Deviner See und bei Lüssow, häufig; ausserdem um Str. sehr zerstreut. Demmin. *Rügen.*
580. **M. borealis,** Wallmann. — *Anclam.*
581. **M. silvestris,** Linn. — M. silv. elatior, Fuchs. M. equina, Brunfels. — Knieper-Vorstadt, Gr. Kädingshagen u. a. O.
582. **M. vulgaris,** Fries. — Die M. rotundifolia, Linn. umfasst diese Art und die M. borealis, Wallm.
β. erecta, F. — Die Stengel sämmtlich od. nur der Hauptstengel aufrecht. — Vorstädte. **R:** Altenführ, um nördl. Strande (auf fast nacktem Boden).

261. *Marrubium,* Brunfels. Rivin.
583. **M. vulgare,** Linn. Clusius. — Devin. Demmin. *Lassan.* **R:** bei Gustow u. an der Wamper Wick.

262. *Maruta,* Cassin.
584. **M. Cotula,** De C. — Anthemis Cot., Linn. Cot. foetida, J. Bauh. — Vorstädte, Barther Landstrasse u. a. O.

263. *Matricaria,* Brunfels. Tournef.
585. **M. Chamomilla,** Linn. — Cham. vulgaris, Tragus. — ☉ u. ♂. — Franken- und Knieperfeld, nicht häufig. *Rügen.*

264. *Medicago,* Tournef.
Medica, Dodon. u. A.
586. **M. falcata,** Linn. — Falcata --, Riviu. — Wall auf der Frankenweide, spärlich. Barth. Demmin. *Hiddensee.* **R:** *Putbus.*
587. **M. lupulina,** Linn. — ☉ u. ♂. — Auch aufrecht, an trockneren Orten. — Oberste Blüthenstiele oft genähert, fast doldig, mit pfriemenförmigen Deckblättern od. die untersten derselben mit unvollkommenen Blättern gestützt: Tribs. Feld.
588. **M. minima,** Lanck. — M. polymorpha μ. minima, Linn. Medica echinata min., J. Bauh. — Demmin. **R:** Wampen, am südl. Abhange.
M. sativa, Linn. — Verwildert.

265. *Melampyrum,* Dodon. Tournef.
589. **M. arvense,** Linn. — Barth: Kenz. *Anclam. Lassan. Hiddensee.* **R:** *zwischen Bergen und der Lietzower Fähre. Mönchgut.*
590. **M. nemorosum,** Linn. — Ufer am Andershöfer Strande; Zimkendorf. Demmin: Devensche Holz (hier auch mit bleichen Deckblättern). *Lassan: Pulow.* **R:** *Stubnitz.*
591. **M. pratense,** Linn. — Negast, Abtshagen u. a. O. *Lassan: Pulow.* **R:** *Josmund.*

266. *Melandryum,* (Clusius.) Fries.
592. **M. noctiflorum,** Fries. — Silene noctiflora, Linn. Ocymoides noctiflorum, Camerar. — Franken- und Tribs. Feld; Andershof.

267. *Melica,* (Dodon.) Linn.
593. **M. nutans,** Linn. — Tribsees: Pleminer Laubholz. Demmin: Devensche Holz. *Greifswald. Anclam. Lassan: Pulow.* **R:** *Stubnitz.*
594. **M. uniflora,** Retz. — Niederhof: Abtshagen, nicht selten. Demmin: Devensche Holz, häufig.

268. *Melilotus,* Fuchs. Tournef.
(Trifolium Melilotus, Linn.)
595. **M. alba,** Desrouss. — Tr. Mel. officinalis β. Linn. Lotus silvestris flore albo, Tabern. — Dänholm: Neu-Lüssow; Chaussee bei Pantlitz. — Scheint unbeständig zu sein und aus verstreuten Samen od. früherem Anbau herzustammen.
596. **M. dentata,** Pers. — Frankenstrand. *Hiddensee.*
597. **M. macrorrhiza,** Desfont. — Tr. Mel. officinalis γ. Linn. Spec. II. (?). — Frankenstrand u. a. O.; am Deviner See; Brandshagen, Niederhof u. a. O. Demmin. **R:** Altenführ, am südl. Strande. *Josmund.*
598. **M. officinalis,** Desrouss. — Tr. Mel. officinalis (α.), Linn. Mel. officinarum —. C. Bauh. Wälle, Vorstädte,

Frankenstrand; an Wegrändern und sehr häufig auf Kleefeldern unter Trifolium pratense und Tr. hybridum; daher bei uns vielleicht überall aus eingeführtem Samen herstammend.

269. *Mentha*, Brunfels. Tournef.

599. **M. aquatica**, Linn. Lonicer. — Calamintha aqu., Gesner. Kupfergraben, Vogelsang u. a. O.
β. hirsuta, Koch. — M. hirsuta, Linn. Mant. I. M. aqu. hirsuta — —, J. Bauh. — Parower Aussenkoppel u. a. O.

600. **M. nativa**, Linn. — M. sat. prima, Fuchs. — Knieper-Mühlengraben, H. Graben, Ufer am Andershöfer Strande u. a. v. a. O. Demmin.

601. **M. silvestris**, Linn. Lonicer. — Aaclam. **R:** Garz, Putbus, Medars.
β. glabra, Koch (Var. δ.). — M. viridis, Linn. Spec. II: „Affinis nimium M. silvestri, sed minor et glabra". — Knieperstrand, diesseit des Lootsensteins; Steinhagen, um den Dorfteich! Demmin, an der westl. Stadtmauer! — Oft wohl nur verwildert: in Gärten häufig als „Pfeffermünze" angepflanzt.
γ. crispata, Koch (Var. ε.). — Bisw. verwildert od. geflüchtet.

270. *Menyanthes*, Daleck. Tournef.

602. **M. trifoliata**, Linn. — M. trif. —, Plukenet. Trifolium — fibrinum, Tabern. — Am Fusswege nach Knöchelsöhrn u. a. v. a. O. Lassan. **R:** Putbus.

271. *Mercurialis*, Fuchs. Tournef.

603. **M. annua**, Linn. — M. annua glabra vulgaris, Rajus. — Die 3blüthigen Blüthenstiele der weibl. Pflanze mehr od. minder kurz, die nicht seltenen 2—3blüthigen ganz wie bei der fig. Art. — Frankeuvorstadt, an der Reiferbahn, häufig; Kniepervorstadt, selten.

604. **M. perennis**, Linn. — M. perennis repens Cynocrambe dicta, Rajus. — Parower Park, Barther Landstrasse, Ufer am Andershöfer Strande, Abtshagen u. a. O. Am H. Graben in Menge, aber nur die männl. Pflanze. Greifswald: Eldena. Lassan: Waschow. **R:** Medars. Stubnitz.

272. *Milium*, (Brunfels.) Tournef.

605. **M. effusum**, Linn. — Gramen miliaceum, Lobel. — H. Graben, Niederhof, Negast, Abtshagen u. a. O. Demmin. Lassan.

273. *Moehringia*, Linn.

606. **M. trinervia**, Clairv. — Arenaria trin., Linn. Alsine plantaginis folio, J. Bauh. — Blüht bis in den Herbst. — H. Graben, Ufer am Andershöfer Strande, Negast u. a. v. a. O. — Blätter oft durchscheinend-punktirt.

274. *Molinia*, Mönch.

607. **M. aquatica**, Wibel. — Glyceria aqu., Presl. Aira aqu., Linn. Gramen aquaticum miliaceum, Scheuchz. — Gehört hieher u. nicht zu Glyceria, wegen der bauchig-hervortretenden, auf beiden Nerven kahlen oberen Spelze.

— 'Knieperstrand : Gräben unterhalb der Quelle im Frankenfelde. Lassan : Bleiche.

608. **M. caerulea**, Mönch. — Aira caer., Linn. Spec. Melica caer., Linn. Mant. II. — Parow, Negast, Abtshagen, Voigdehagen, Niederhof u. a. O.

Monotropa, Linn. — Vid. Hypopitys.

275. *Montia*, Micheli.

609. **M. minor**, Gmel. — M. aquatica minor, Mich. M. fontana, Linn. zum Theil. Portulaca exigua s. Adrachan arveuse, Camerar. — Lassan: Weide (Heinrich).

276. *Myosotis*, Lobel. Dillen.

610. **M. caespitosa**, Schultz. Starg. — Sandgrube im Tribs. Felde u. a. v. a. O.

611. **M. hispida**, Schlechtdal. — Barther Landstrasse, Sandgrube im Tribs. Felde, Ufer am Frankenstrande diesseits Franzenshöhe u. a. O.

612. **M. intermedia**, Link. — M. scorpioides α. arvensis, Linn. (?).

613. **M. palustris**, Wither. — M. scorpioides β. palustris, Linn. Scorpioides aquaticum vel palustre —, Gesner.

614. **M. silvatica**, Hoffm. — M. scorpioides latifolia hirsuta, Rajus (Linn. Fl. suec. II.)? — **R:** Stubnitz.

615. **M. stricta**, Link. — M. scorpioides α. arvensis, Linn. (?).

616. **M. versicolor**, Ehrb. Herb. nach Roth. — M. scorpioides γ. Linn. Spec. II. (?). — Bei der Gasanstalt; Gr. Kädingshagen, Langendorf, Negast u. a. O.

277. *Myosurus*, Dodon. (-os). Knaut.

617. **M. minimus**, Linn.

278. *Myrica*, Frankenius. Linn.

Myrica, Fuchs. = Tamarix.

618. **M. Gale**, Linn. — Gale (englisch), Turner. Gagel (niederländ.), Dodou. Rosmarinus septentrionalium und Myrtus nostras, Jo. Backmeister. — Dars, Zingst. Lassan: beim Waschower Fischerhause; Buggenhagen. **R:** Münchgut, zwischen Middelhagen u. Baabe.

279. *Myriophyllum*, Clus. Pontedera.

619. **M. spicatum**, Linn. - -Millefolium aquaticum pennatum spicatum, C. Bauh. — Teiche; tiefere Gräben; Strandwasser u. a. O. Lassan: Pecne.

620. **M. verticillatum**, Linn. — Millef. aquat. flosculis ad foliorum nodos, C. Bauh. — Negast: Gräben und Torfgruben. Lassan: Wiesengräben bei Waschow.

280. *Naias*, Linn.

621. **N. marina**, Linn. mit Ausschl. der Varr. — N. major, Roth. — Fruchtknoten ohne Griffel u. ohne bemerkliche Narbe! — **R:** im Mählen.

281. *Nardus*, Linn.

622. **N. stricta**, Linn. — Heide bei Gr. Kädingshagen; Negast, Zarrendorf u. a. O.

9

282. *Nasturthum*, *Fuchs*. R. Broên.

623. **N. amphibium**, R. Br. — Sisymbrium amph., Linn. — Am Frankenteich u. a. v. a. O.

624. **N. officinale**, R. Br. — Sisymbrium Nast. aquaticum, Linn. Spec. Sis. Nast., Linn. Syst. X. XII. Nast. aquaticum, Tragus. — Gräben unterhalb der Frankenquelle; Devin: am See bei den Quellen, klein; Kramerhof. Greifswald: Hohenmühl. Lassan: Weide. Demmin: Vorwerk, Quellgrund neben den Peenewiesen. R: Jasmund.

625. **N. palustre**, De C. — Sisymbrium pal., Leyser. Sis. silvestre, Linn. zum Theil (? Nach dem Citat: „Eruca palustris et Nasturtii folio, siliqua oblonga, Bauh. pin.“). Bei Stadtkoppel; Sandgrube im Tribs. Felde; Langendorf, Lüssow, Sandhagen u. a. O.

β. ovatum, F. — Obere Blätter gestielt, eiförmig-rundlich, ungetheilt, stumpf-gezähnt. — Demmin: an der Tollense, mit der gewöhnl. Form. Alle dort stehende Pflanzen dieser Art waren klein und schwach; von dieser Var. fand ich nur 2 Exemplare.

626. **N. silvestre**, R. Br. — Sisymbrium silv., Linn. (zum Theil?). Eruca silvestris, Fuchs. — Um die Vorstädte u. a. v. a. O.

β. siliquosum, F. — Schoten etwa 3mal so lang als das Stielchen. — Nicht häufig: Graben zur Rechten des Verbindungsweges von der Barther Landstrasse zur Chaussee, mit der gewöhnl. Form, und im Tribs. Felde noch Lüdershagen zu.

283. *Neottia*, Dodon. Richard.

Auch bei Linn. vor 1753.

627. **N. Nidus avis**, Rich. — Ophrys Nid. av., Linn. Nid. av., Dodon. — Abtshagen, im diesseitigen Walde. Demmin: Devensche Holz. Anclam. R: Berger Holz, Granitz, Stubnitz.

284. *Nepeta*, Tragus. Rivin.

628. **N. Cataria**, Linn. — Cataria herba, Dodon. — R: Ufer am Nesebanzer Strande; Gustow, an der Landstrasse diesseit des Dorfs.

285. *Neslea*, Desvaux.

629. **N. paniculata**, Desv. — Myagrum paniculatum, Linn. — Bei Stadtkoppel, Zinkendorf u. a. v. a. O. Lassan. R: Kl. Bandelvitz.

Nicandra physaloides, Gärtn. — Bisw. verwildert; unbeständig.

286. *Nigella*, Eur. Cordus. Tournef.

630. **N. arvensis**, Linn. — Melanthium arvense, Clusius. — Anclam.

N. damascena, Linn. — Bisw. verwildert.

287. *Nuphar*, (Vesling.) Smith.

631. **N. luteum**, Smith. — Nenuph. lut., Brunfels. Nymphaea lutea, Linn. Fuchs. — Knieper-Mühlengraben u. a. v. a. O. — Kommt bei gesunkenem Wasser an flachen Ufern auch vollkommen ausser dem Wasser mit kür-

zeren, aufrechten Blatt- u. Blüthenstielen vor: am Andershöfer Teich, am Borgwallsee.

632. **N. pumilum**, Smith. — Grimmen: Poggendorf.

288. *Nymphaea*, Brunfels. Tournef.

633. **N. alba**, Linn. Brunfels. — Knieperteich; Andershöfer u. Voigdehäger Teich u. a. O. Demmin. Rügen.

289. *Odontites*, Tabern. Rivin.

Arten von Euphrasia bei Tourn. u. Linn.

634. **O. littoralis**, F. — Euphrasia litt., Fries. Euphr. verna, Bellardi (nach Garcke; von Anderen als Syn. der fig. Art citirt!) nicht Rchbch. — Ist fast verblüht, wenn die folgende Art zu blühen anfängt; Blätter u. Kelche etwas fleischig. — R: Wampen, in den südll. Wiesen; Lancken, am Strande.

635. **O. rubra**, Pers. — Euphrasia Odont., Linn.

290. *Oenanthe*, Lobel. Tournef.

636. **Oe. fistulosa**, Linn. — Oe. aquatica — caulibus fistulosis, Morison. — Tribs. Feld u. a. O.; Abtshagen, Niederhof u. a. O.

β. Tabernaemontani, Koch. — Kupferwiese am Jungfernsteig u. a. O.

637. **Oe. Phellandrium**, Lamck. — Phell. aquaticum, Linn. Phell., Dodon. — In Gräben u. Sümpfen des Stadtfeldes; Lüssow, Andershof, Devin u. a. O.

Oenothera biennis, Linn. — Verwildert; hie u. da an Wegen.

291. *Ononis*, Eur. Cordus. Linn.

638. **O. repens**, Linn. — Der Stengel ist oft nicht wurzelnd, und in Gebüschen nicht selten aufrecht.

β. inermis, Smith (als O. arvensis α.). — Nicht eben selten.

639. **O. spinosa**, Linn. Syst. X. — O. arvensis β. spinosa, Linn. Spec. II. Anonis spin., Besler. — Mit scrisser Blumenkrone am Frankenstrande (selten) u. auf dem Dänholm.

O. arvensis, Linn. Syst. X. (O. spinosa α. mitis, Linn. Spec. II. Anonis mitior prima, Clusius.) fand ich hier nicht.

292. *Onopordon*, Gesner. Vaill.

640. **O. Acanthium**, Linn. — Ac., Dodon. — Scheint auch ⊙ (klein, bisw. kaum über fingerslang und I-köpfig) vorzukommen.

293. *Ophioglossum*, Fuchs. Tournef.

641. **O. vulgatum**, Linn. C. Bauh. — Zu Weigels Zeiten (jetzt mit dem Gehölz verschwunden) zwischen dem Vogelsang und Jungfernhof häufig. Wahrscheinlich noch im Gebiet vorhanden.

294. *Ophrys*, Caesalpin. Linn. em.

642. **O. apifera**, Huds. — O. insectifera Var. adrachnites (n. Arachnites), Linn. zum Theil. — R: Stubnitz.

295. *Orchis*, Fuchs. Tournef.

643. **O. angustifolia**, Wimm. u. Gr. (nicht Rchbch.).

— O. incarnata, Linn. (Fl. suec. II. — Syst. XII.) nach Fries
bei Koch u. A. vorangestellt, obwohl Letzterer selbst
sagt, dass L.s Worte in der Bem. (Fl. suec.) nur zu O.
Traunsteineri (Sauter) passen. Linn. hat sie zuletzt (Mant.
II.) wenigstens zum Theil als rothblühende Var. zur O.
sambucina (Fl. suec. II. u. später) gezogen, indem er das
Cit. aus Haller (hist. no. 1280.) von letzterer Art auch auf
die O. incarnata überträgt, dagegen das Cit. aus Seguier
(„O. palmata lutea cet.") zur O. sambucina hinübernimmt. —
Auch O. latifolia (Linn.) kommt vor mit Deckblättchen,
deren oberste die Blüthen überragen, und mit (schmä-
leren) Blättern, die an der Spitze kahnförmig-vertieft od.
etwas kappenförmig sind. — Um Str. vereinzelt und selten; an der Herrenwiese; Devin: Voigdehagen, in einer
Wiese nach Lüdershagen zu.

644. **O. latifolia**, Linn. — Satyrium — latifolium, Thal.
— Die Blüthenhülle ist oft blass-purpurn, od. hell-fleisch-
roth mit weisslichem Sporn, auch röthlich-weiss od.
rein weiss. — Eine kleinere, schwächere Form mit
kaum röhrigem Stengel, mit einer Lippe, deren Seiten-
lappen abgerundet-verkürzt sind, auf einer Strandwiese
nahe vor Parow.
β. rhombea. F. — Lippe rauten-eiförmig, ungelappt,
an den vorderen, geraden Rändern etwas gezähnt. —
Heide bei Gr. Küdingshagen am Wiesenrande; selten.

645. **O. laxiflora**, Lamck. — **R:** auf dem Bug.

646. **O. maculata**, Linn. — Palma Christi mac., Tabern.
— Heide bei Gr. Küdingshagen, klein. Niederhof, Negast, Ahtshagen u. a. O. häufig. **R:** Stubnitz.

647. **O. mascula**, Linn. — Satyrion mas, Brunfels.
Testiculus morionis mas. Dodon. — Testiculus: Bisdorf; an
der Barthe: Kienbukenhagen. Greifswald: **R:** Schrow;
Pulbus; Jasmund (Nipmerow).

648. **O. Morio**, Linn. — Cynosorchis mor. —. Lobel.
Testiculus morionis femina, Dodon. — Heide bei Gr. Küdingshagen, Marlensdorf: Hofwiese bei Ahtshagen. Greifswald: Hohenmühl. **R:** Bergen, Gora, Granitz, Quoltitz,
Perd.

649. **O. purpurea**, Huds. (1762.). — O. fusca, Jacq.
O. militaris β. u. (wahrscheinlich auch) J. Linn. O. strateu-
matica — s. militaris, Gemma. — Testiculus — mil., Tabern.
— **R:** Stubnitzufer und am Steinbach.

650. **O. Rivini**, Gouan. — O. militaris γ. Linn. „minor."
— **R:** zwischen Bobbin und Campe. Garz.

651. **O. ustulata**, Linn. — **R:** Stubnitzufer (häufig,
nach Weigel; ich konnte über das Vorkommen daselbst
bis jetzt nichts erfahren.)

296. Origanum, Fuchs. Tournef.

652. **O. vulgare**, Linn. Fuchs. — Seeufer bei Lüssow, häufig; Gr. Zansebur, an der Landstrasse. Loitz.
Lassan: Clotzow. **R:** Jasmund.

297. Ormenis, Cassin.

653. **O. mixta**, De C. — Anthemis m., Linn. Chamae-

melum — — flore mixto, Morison. — Auf einem Acker, wo
vorher Ornithopus sativus (Brotero) gestanden, bei Langendorf. Da sie sich dort mehrere Jahre erhielt und sich
also leicht irgendwo einbürgern könnte, habe ich sie
hier vollständig eingereiht.

-- **Ornithogalum chloranthum** (Sauter), **O.
nutans** (Linn.) und **O. umbellatum** (Linn.):
bisw. in Baumgärten und Gebüschen verwildert.

298. Ornithopus, Linn.
Ornithopodium von Dalech. bis Tourn.

654. **O. perpusillus**, Linn. — O. perpusillum, Dalech.
— Devin, Zarrendorf, Wendorf, Sandhagen, Negast u.
a. O. Lassan: Silberkuhl. **R:** Gora.

O. compressus, Linn. — Bisw. unter dem jetzt
öfters gebauten O. sativus, Brot.

299. Orobanche, Gesner. Tournef.

655. **O. Galli**, Duby. — Hiddensee. **R:** Mönchgut,
auf dem Perd.

656. **O. rubens**, Wallr. — Barth: am sundischen
Berge. Demmin: an den Kiefern.

O. minor (Sutton) angeblich auf **R:** in der Granitz.

Orobus, Linn. — Vid. Lathyrus.

300. Osmunda, Lobel. Tournef.

657. **O. regalis**, Linn. Plumier. (Lonicer.) — Parower
Aussenkoppel. Negaster Heide. Greifswald: Hanshagen u. a. O. Lassan: Jamitzow. **R:** Aulbecker Kiefern.

301. Oxalis, Linn.
Oxalis bei den Älteren = Rumex.

658. **O. Acetosella**, Linn. — Ac. vulgaris, Rupp. Trifolium acetosum, Brunfels. — Negast, Pennin u. n. v. a. O.

659. **O. corniculata**, Linn. — Oxys lutea corniculata
repens, Lobel. — Als Unkraut in Gärten; hier selten.

660. **O. stricta**, Linn. — Oxys americana erectior, Tourn.
— Franken- und Tribs. Vorstadt. Demmin. Auclam.
Lassan.

302. Panicum, Matthiol. Linn.

661. **P. Crus galli.** Linn. — Frankenvorstadt, Knieperfeld u. a. O. Demmin.

662. **P. glabrum**, Gaud. — P. sanguinale Linn. Faun.
suec. II. append. und der Standort „Halland" in Spec. II. —
Franken- und Knieperfeld, Gr. Küdingshagen, Pennin
u. a. O. häufig.

663. **P. sanguinale**, Linn. Spec. u. Syst. — Sanguinaria Nevenarae, Tragus. Gramen Mannae esculentum, Lobel.
Demmin: an der westl. Stadtmauer. Rügen. — Soll in
älteren Zeiten gebaut worden sein (Germanis Schwaden,
Val. Cordus).

P. capillare (Linn.) und **P. miliaceum**
(Linn.) bisw. aus verschlepptem Samen, aber unbeständig.

303. Papaver, Brunfels. Tournef.

664. **P. Argemone**, Linn. — A. capitulo longiore, Lobel.

665. **P. dubium**, Linn. — Mit hell-fleischrother Blumenkrone am Ufer diesseits Franzenshöhe.

666. **P. Rhoeas**, Linn. Fuchs. — P. Rh. sive caduco flore —, Lobel. — Demmin. Greifswald, Anclam, Lassan. Rügen.

β. strigosum, Bönningh. — Demmin. Geht durch Zwischenformen in die gewöhnl. Pflanze über.

P. somniferum, Linn. — Aus verschlepptem Samen an Wegen und auf Äckern.

304. **Parietaria**, Brunfels. Tournef.
667. **P. officinalis**, Linn. — P. officinarum, C. Bauh. P. — etiam Vitraria, Eur. Cordus. P. erecta, M. u. Koch. — Greifswald: an der nördl. Stadtmauer. Bei Str. seit einigen Jahren ausgerottet.

305. **Paris**, Lobel. Rupp.
668. **P. quadrifolia**, Linn. — Solanum tetraphyllon, Gesner. — Parower Park, Ufer am Andershöfer Strande, Niederhof. Negast, Pennin, Bussin, Abtshagen u. a. O. Lassan. R: Medars.

306. **Parnassia**, Tournef.
669. **P. palustris**, Linn. — P. pal. et vulgaris, Tourn. Gramen Parnassi, Dodon. — Herrenwiese, Parow, Chaussee nach Pütte, Lüssow (in den Wiesen am See) u. a. v. a. O.

307. **Pastinaca**, Tragus. Tournef.
670. **P. sativa**, Linn. Tragus. — Barther Landstrasse, am Strande u. a. O.

308. **Pedicularis**, Lonicer. Rivin.
671. **P. palustris**, Linn. — Herrenwiese; um den Vogelsang; Negast u. a. O.
672. **P. Sceptrum Carolinum**, Linn. — Sc. car., Rudbeck. — Tribsees: Plenniner Moor. Loitz: Trantower Moor. Gützkow.
673. **P. silvatica**, Linn. — Voigdehäger Moor, Negast; Martensdorf: an der Westseite der Kiefern. Tribsees: Plenniner Moor. Greifswald: zwischen Wampen und Ladebow. Lassan: Wiesen.

309. **Peplis**, Linn. (Anguillara.)
674. **P. Portula**, Linn. — Port, Dillen. Alsine rotundifolia s. Portulaca aquatica, Jo. Gerard. — Brandshagen, Negast; Martensdorf: an der Lache vor dem Dorf.

310. **Periclymenum**, Fuchs. Rivin.
Pericl. u. Caprifolium, Tourn. Caprifolium, Juss.
675. **P. vulgare**, Mill. — P. vulg. Septentrionalium, Clusius. Lonicera Pericl., Linn. — Barther Landstrasse, Andershöfer und Parower Strand, Negast u. a. v. a. O. Lassan: Waschow. Rügen.

311. **Petasites**, Fuchs. Tournef.
676. **P. officinalis**, Mönch. — Tussilago Petasites. Linn. u. T. hybrida, Linn. — Am Knieper-Mühlenteich, Tribs. Vorstadt, Abtshagen u. a. O. Rügen. — Überall fand ich nur die Zwitterpflanze (Tuss. Pet, Linn.), und diese scheint niemals Samen zu tragen.

677. **P. tomentosus**, De C. — Tussilago tomentosa, Ehrh. T. spuria, Retz. u. T. paradoxa, Retz. — Lassan; an der Pecne beim Bauerberg (Heinrich); ich sah von dort nur die Zwitterpflanze (Tuss. spuria, Retz.). Petronellinum sativum, Hoffm. — Bisw. aus verschlepptem Samen an Dorfstrassen und Wegen.

312. **Peucedanum**, Fuchs. Tournef.
678. **P. Cervaria**, Lapeyr. — Athamanta Cerv., Linu. Selinum Cerv., Linn. Spec. 1. append. Cervaria nigra, Jungermann. — Lassan: Lentschow.
679. **P. Oreoselinum**, Mönch. — Athamanta Or., Linn. Or. s. Veelgutta, Dodon. — Devin: am Ufer des Sees; Langendorf: an der Chaussee. Demmin: Devensche Holz, Kiefern, Vorwerk. Lassan: Papenberg. R: Gustow, auf dem Papenberg.

β. nanum, F. — Stengel niedrig (3—6″hoch), ldoldig. Blätter 2fach-gefiedert. — Devin: Rauhe Berg. Demmin.

313. **Phalaris**, Tragus. Linn.
680. **Ph. arundinacea**, Linn. — Gramen arundinaceum —, Tabern. — Am Frankenteich u. a. v. a. O. Auch auf trocknerem Boden: H. Graben.
Ph. canariensis, Linn. — Aus verschlepptem Samen auf Schutt und Äckern.
Philadelphus coronarius, Linn. — Bisw. verwildert.

314. **Phleum**, Linn.
681. **Phl. Boehmeri**, Wibel. — Phalaris phleoides, Linn. — Greifswald. Demmin: an den Kiefern. Lassan: Buggenhagen.
682. **Phl. pratense**, Linn.
β. nodosum, Linn. (als Art). — Sehr häufig.
γ. viviparum, F.

315. **Phragmites**, Francus de Frankenau. Trinius.
683. **Phr. communis**, Trin. — Arundo phragm., Linn. Spec. 1. Fl. suec. II. A. phragmitis, Linn. Spec. II. Syst. XIII. Ruellius. A. vallatoria, Dodon. — Mit sehr verlängerten Ausläufern umherkriechend am Franken- und Andershöfer Strande. Klein und schmächtig (1′,₂—2′ hoch), mit kleiner (2—3″ langer) Rispe auf trocknem Lehmboden auf R: am Wege von der Grabler Fähre nach Kl. Bandelvitz.

316. **Phyteuma**, Caesalpin. Linn.
684. **Ph. spicatum**, Linn. — Rapunculus silvestris spicatus, Thal. — Tribsees: Plenniner Laubholz. Demmin: Devensche Holz. R: Stubnitz.

317. **Picea**, Brunfels. Link.
685. **P. vulgaris**, Link. — Pinus Abies, Linn. Abies rubra, Tragus. — Unter vielmal älteren Kiefern; daher doch wohl vollkommen eingebürgert.

318. **Picris**, Daiech. Linn.
686. **P. hieracioides**, Linn. — Hieracium pratense

asperum, Gesner. — Treibt nach dem ersten Blühen oft Äste aus den mittleren Blattwinkeln, und diese blühen bis in den Herbst. — Seeufer bei Lüssow, häufig; Chaussee bei Teschenhagen, klein. *Greifswald*.

P. hispidissima, Bartl., nach Koch. (?). — Einmal von mir in der Ballastkiste gefunden. Die Pflanze stimmt, auch in Betreff der Achänen, mit der Diagnose bei Koch überein: nur sind die äusseren Blättchen des Hüllkelchs nicht am Rande borstig-gewimpert. Die Äste weit-abstehend.

319. *Pilularia*, Vaill.
687. **P. globulifera**, Linn. — Greifswald: Galgenkamp.

320. *Pimpinella*, Brunfels. Rivin.
688. **P. magna**, Linn. Mant. II. Syst. XIII. — P. saxifraga γ. δ. und (?) ε. Linn. Spec. Saxifraga m., Dodon. — H. Graben, Barther Landstrasse u. a. v. a. O.
β. laciniata, Wallr. — H. Graben. Die Blätter dieser Form sind durch weitere Entwickelung der unteren, länger als bei der Hauptform gestielten Blättchen bisw. theilweise doppelt-gefiedert.
689. **P. Saxifraga**, Linn. (Syst. XIII. Sonst **saxifr.**) mit Ausschl. der Varr. γ. δ. und (?) ε. — Saxifraga parva, Dodon. — An den Chausseen, Wegrändern u. a. O. häufig. **R**: Altenführ, am nördl. Strande; *Jasmund*.
α. major, Wallr. — Geht durch Zwischenformen in die flg. Var. über.
β. dissectifolia, Wallr. — Vielleicht Var. ε. Linn. Spec. II.
γ. poteriifolia, Wallr. — Selten.
δ. rosea, F. — Blumenkrone roseoroth. — Bei Franzenshöhe; am Wege von Grünhofe nach Lüssow u. a. O.
P. nigra, Willd. (Tragoselinum majus umbella candida, radice succum caeruleum fundente, Johren. Daucus Cyanopus, Val. Cordus) möchte im Gebiet auch vorkommen.

321. *Pinguicula*, Gesner. Tournef.
690. **P. vulgaris**, Linn. — Parower Aussenkoppel, Voigdshäger Moor, Negast, Abtshagen (Hofwiese) u. a. O. Tribsees: Plenniner Moor. **R**: *Jasmund*.

322. *Pinus*, Brunfels. Tournef.
Vgl. Picea.
691. **P. silvestris**, Linn. Matthiol.

323. *Pirola*, Brunfels. Tournef.
692. **P. chlorantha**, Swartz. — *Greifswald: Hanshagen*. **R**: *Kiefern zwischen Casnevitz; Jasmund*.
693. **P. media**, Swartz. — **R**: *Stubnitz*.
694. **P. minor**, Linn. Rajus. — Pennin, Abtshagen. *Anclam*. **R**: *Gora, Granitz, Stubnitz*.
695. **P. rotundifolia**, Linn. — P. rot. major, C. Bauh. — Negast, Pennin. *Greifswald: Eldena, Hanshagen. Lassan: Moor bei Wangelkow. Anclam*. **R**: *Serpin, Granitz, Stubnitz*.
696. **P. secunda**, Linn. — P. 2. et tenerior, Clusius. —

Abtshagen. Tribsees: Forkenbeck. Demmin: Devensche Holz. *Greifswald: Hanshäger Kirchenholz*. **R**: *Stubnitz*.
697. **P. umbellata**, Linn. — Lassan: Wangelkow. *Wolgast: Gr. Ernsthof*. **R**: *Kiefern zwischen Pulbus und Casnevitz u. a. O*.
698. **P. uniflora**, Linn. Rudbeck. — *Wolgast: Gr. Ernsthof. Lassan: Buggenhagen*.

324. *Pirus*, Brunfels. (-y-) Linn.
699. **P. communis**, Linn. — P. silvestris, C. Bauh. — H. Graben: jung u. vielleicht aus verschlepptem Samen. **R**: *Jasmund*.
700. **P. Malus**, Linn. — Malus silvestris, Tabern. — Abtshagen. **R**: *Jasmund*.

325. *Pisum*, Brunfels. Tournef.
P. arvense, Linn. (nach der Bem. im It. vestg.) ist die von ihm als wirklich wildwachsend betrachtete Pflanze, die sich von seinem P. sativum durch weit geringere Grösse [aller Theile] unterscheide, und der er ausserdem Iblüthige Blüthenstiele und die gefärbte Blumenkrone beilegt, ohne die beiden letzteren Merkmale dem P. sativum abzusprechen. C. Bauhins P. arvense zieht er zur *letzteren* Art, und versteht also unter dieser die gebaute Pflanze in allen ihren Formen. In anderem Sinne wenden alle (?) Neueren die L.schen Namen an: ich glaube, mit Unrecht. — Verwildert, auf minder fettem Boden, wird P. sativum (Linn.) sofort viel kleiner und magerer. — Es würde hiernach also jo die durch Cultur entstandenen Varr. von P. arvense aufzulösen sein, welches noch hie u. da zu finden sein dürfte.
701. **P. maritimum**, Linn. — P. marinum, Rajus. — Rügen.

326. *Plantago*, Brunfels. Linn.
702. **Pl. Coronopus**, Linn. — Cor. sativus, Dodon. Cor. silvestris, Caesalpin. — Frankenweide; Deviner Ort u. a. O. Zingst. *Greifswald*. Hiddensee. **R**: Wiesen am Mühlen; *Willow*.
703. **Pl. lanceolata**, Linn. Tragus. — Lanceolata, Fuchs.
β. capitellata, Koch. — Nebst der von Sonder ebenso benannten Form häufig.
γ. lanuginosa, Koch. — Chaussee jenseit des Bocks.
704. **Pl. major**, Linn. Fuchs. — Kapseln 6—30samig. Die Blätter, bes. am Grunde, oft grob-gezähnt; der Blattstiel auf nacktem Boden oft mehrmals kürzer als das Blatt.
705. **Pl. maritima**, Linn. Gesner. — Frankenstrand u. -Weide, Dänholm u. a. v. a. O. Rügen.
706. **Pl. media**, Linn. Fuchs. — Die Blattstiele sind nicht selten so lang als das Blatt und alsdann unterwärts nicht breiter als bei Pl. major. An feuchteren Orten werden die Blätter länger, schmaler (3—4 mal so lang als breit), stumpfer, spärlicher behaart, fast grasgrün. — An der Chaussee nach Brandshagen; Devin u. a. O.

327. Platanthera, Richard.

707. Pl. bifolia, Rich. — Orchis bif., Linn. zum Theil.
O. alba bif. minor —, C. Bauh. — Stielchen der Staubmassen etwa ¹/₄ so lang, als diese. — Voigdehäger
Moor, Parower Aussenkoppel, Martensdorf, Negast
(vormal. Heide u. am Waldrande), Abtshagen: überall
nicht häufig.

708. Pl. montana, Rchbch. fil. — Orchis mont., Schmidt.
O. bifolia, Linn. (zum Theil; namentlich in der Mant. II.
wegen des Cit. aus Haller) Tabern. Plat. chlorantha, Cust. —
Stielchen der Staubmassen ziemlich so lang als diese.
Blüthen ebenfalls wohlriechend. — Um Str. sehr häufig:
an allen bei der v. Art angegebenen Orten (bei Abtshagen
in grosser Menge): ausserdem bei Niederhof (im Park)
und bei Zimkendorf. R: Stubnitz, häufig.

β. minor, F. — Kleiner (kaum 1' hoch); auch die
Blüthen kleiner und die inneren seitenständigen Zipfel
derselben mehr wie bei der ersten Art. — Gr. Küdingshagen: Heidestelle in den Wiesen am Vogelsang neben
der Heide. Ob ein Erzeugniss des sonnigen, minder
fruchtbaren Standorts?

328. Poa, Linn.

709. P. annua, Linn. — Auch ♂, und vielleicht sogar zum 2ten Mal blühend.

710. P. bulbosa, Linn. — Nicht heimisch (?).
β. vivipara, Koch. — Var. *β.* Linn. — Andershöfer
Strand; sehr selten.

711. P. compressa, Linn. — Ähreben meist 4—
10blüthig.
β. tridora, F. — Ähreben 1—4blüthig. — Stadtmauer;
Knieperwall.
γ. denudata, F. — Untere Spelze ganz kahl. — Auf
dem vormal. Kl. Paschenberge.

712. P. nemoralis, Linn. — Ähreben 1—6blüthig. —
H. Graben, Niederhof, Abtshagen u. a. v. a. O.
β. firmula, Koch. — Barther Landstrasse u. a. O.
γ. rigidula, Koch. — Zimkendorf, Negast, Abtshagen.

713. P. pratensis, Linn. — Ähreben 1—8blüthig. —
Ändert fast eben so sehr ab, als Festuca rubra.

1) Nach der *Färbung* ist die Pflanze entw. grasgrün,
oder (bes. die Ähreben) ins Graue ziehend; *ausserdem:*
    β. caesia, F. — Überall bläulich-grau-bereift; die
Ähreben dazu meist satt-violett gefärbt. Blätter kurz,
flach od. weit-rinnig, breit. — Kleinere Form; häufig
auf sandigem und torfigem Boden: bei Stadtkoppel, bei
der Vogelstange, am Strande u. a. O. — Hieher gehört
auch Var. *β.* latifolia, Koch, der dabei übersehen hat, dass
diese Blattform auch bei der unbereiften Pflanze vor-
kommt.

2) Die *Wurzelblätter* sind bald nur ¹/₆ od. ¹/₄ so lang
als der Halm, bald länger, oft so lang od. länger als
dieser; dazu sind sie bald schlaffer, bald steifer, und

ausserdem — in einander durch Zwischenformen übergehend:
    γ. setacea, F. — Wurzelblätter zusammengerollt-bor-
stenförmig, schmal.
    δ. plicata, F. — Wurzelblätter einfach-zusammenge-
faltet, schmal od. ein wenig breiter.
    ε. planifolia, F. — Wurzelblätter flach od. weit-rin-
nig, breiter.

3) Die *Blattscheiden* sind gewöhnlich kahl und glatt,
ausserdem aber — besonders die äusseren Scheiden
der unfruchtbaren Blätterbüschel:
    ζ. scabra, F. — Untere Blattscheiden von kleinen
Knötchen rauh.
    η. setulosa, F. — Untere Blattscheiden von kurzen
od. sehr kurzen rückwärtsgerichteten Borstchen rauh.

4) Der *Halm* ist entweder stielrund, *oder:*
    ϑ. compressa, F. — Halm mehr od. minder zusam-
mengedrückt, oft fast 2schneidig (oder unterwärts zusammengedrückt und oberwärts oder an der Spitze stielrund: eine Zwischenform). Grösser und kleiner; auch
die Var. *β.* gehört sehr oft hieher. Die Var. IV. anceps,
Gaud. begreift nach Koch nur grössere Formen.

714. P. serotina, Ehrh. — P. fertilis, Host. — Kupferwiese; am Knieper-Mühlengraben u. a. O.

715. P. trivialis, Linn. — Kommt bisw. ganz und
gar gelblich-bleich vor. Die Ährchen bisw. 1blüthig
mit untermischten 2blüthigen.
' *β.* glabra, F. — Blattscheiden und Halm glatt. —
An unssen Orten: Knieperstrand.

Polemonium caeruleum, Linn. — möchte
an der Grenze des Gebiets zwischen Tribsees und Demmin vorkommen.

329. Polygala, Tragus. Linn.

716. P. amara, Linn. — P. — foliolis circa radicem
rotundioribus — sapore admodum amaro —, Thal. — *Greifswald. Anclam.*

717. P. vulgaris, Linn. — P. vulg. (major *und* minor?),
Clusius. — Kugelsnug, Frankenweide u. a. v. a. O.
β. oxyptera, Rchenbch. (als Art.) — Nicht gar selten.
P. comosa, Schkuhr. — Wahrscheinlich heimisch.

330. Polygonum, Fuchs. Linn.

718. P. amphibium, Linn. — Persicaria major am-
phibia —, Plukenet. — Die Varr. natans (Münch) u. terrestre
(Leers) bilden sich an günstigen Standorten auf einer
und derselben Wurzel aus. — Die schwimmende Form
im Knieper-Mühlengraben, an der Barther Landstrasse;
Devin u. a. O.
β. maritimum, Dethard. — Dieses fand ich nicht

* **719. P. aviculare,** Linn. — Das eigentliche P. der
Älteren.
β. revolutum, F. — Blätter schmal-lanzettförmig, spitz,
am Rande zurückgerollt. Stengel niedergestreckt. —

An sandigen Orten, auch mit der gewöhnlichen Form:
Kugelfang; Ufer des Borgwallsees bei Lüssow.

720. **P. Bistorta**, Linn. — Bist., Brunfels. — Der
Stengel treibt nicht selten aus dem obersten Blattwinkel
eine zweite, kleinere, gestielte Ähre od. einen kleinen,
Jährigen Ast: sehr selten sind 2 seitenständige Ähren, —
Tribsees: Plenniner Moor. Demmin. Anclam. Lassan:
Vorwerk. Wolgast. **R: Garz.**

721. **P. Convolvulus**, Linn. — Conv. niger. Dodon.

722. **P. dumetorum**, Linn. — Fagopyrum scandens —
dum. —, Rupp. — Zimkendorf: Waldecke Borgwall gegenüber. Demmin: Devensche Holz. **R: Ufer am Nese-**
bauzer Strande.

723. **P. Hydropiper**, Linn. — Hydr., Fuchs. — Kupfergraben u. a. O.
β. submersum, F. — Untergetaucht, aufrecht, heimlich-blühend. — Knieper-Mühlengraben.

724. **P. lapathifolium**, Wahlenbg. Ob aber auch
Linn.? — Persicaria major, lapathi foliis —, Tourn. nach
Linn., welcher der Pflanze blattgegenständige Blüthenstiele von der Länge des Blatts zuschreibt und sie in
die Fl. suec. nicht aufgenommen hat, — In allen Formen
vorkommend.
β. incanum, Koch. — P. Persicaria γ. Linn. Spec.
II. Pers. folie subtus incano, Rajus. — An einer sehr häufigen Mittelform sind die oberen Blätter unterseits kahl,
aber drüsig-punktirt.

725. **P. minus**, Huds. — P. Persicaria δ. Linn. Mant. II.
Pers. pumila, Tabern. — Kupferwiese, Negast, Abtshagen
u. a. O. Demmin.
β. submersum, F. — Untergetaucht, aufrecht, heimlich-blühend. — Knieper-Mühlengraben.

726. **P. mite**, Schrank. — Wiesen um den Vogelsang.

727. **P. Persicaria**, Linn. mit Ausschl. des Cit. aus
Haller und sämmtlicher Varr. Persicaria, Fuchs.

P. Fagopyrum, Linn. und **P. tataricum**,
Linn. — Verwildert.

331. *Polypodium, Brunfels. Linn.*

728. **P. Dryopteris**, Linn. — Filix querna s. Dr., Jo.
Gerard. — **R: Stubnitz.**

729. **P. Phegopteris**, Linn. — Abtshagen, im diesseitigen Walde, selten. Greifswald. **R: Stubnitz.**

730. **P. vulgare**, Linn. C. Bauh. — Mauern in Elmenhorst; Martensdorfer Kiefern. Dars. Zingst. Demmin.
Greifswald: Hanshagen. **R: Wampen; Stubnitz.**

332. *Polystichum, Roth.*

731. **P. cristatum**, Roth. — Polypodium cr., Linn. —
Parower Aussenkoppel, Negaster Moor, Sandhagen,
Middelhagen.

732. **P. Filix mas**, Roth. — Polypodium F. mas, Linn.
Fil. mas, Fuchs. — Am Strande nach Devin; Elmenhorst,
Bussiner Forst u. a. O. **R: Stubnitz.**

733. **P. Oreopteris**, De C. — Dars (?). **R: Stubnitz.**

734. **P. spinulosum**, De C. — Parower Aussenkoppel, Negast, Demmin, Abtshagen, Martensdorf u. a.
O. — **R: Stubnitz.**
β. dilatatum, Koch. — Negast u. a. O.
γ. glandulosum, F. — Laub unterseits od. beiderseits
mit kurz-gestielten Drüschen bestreut; der Stiel ebenfalls drüsig, oder drüsenlos. — Negast: Waldrand neben der Wiese am See.

735. **P. Thelypteris**, Roth. — Polypodium Thel.,
Linn. Maut. II. Thel. palustris —, Rupp. — In Menge am
Vogelsang u. a. v. a. O. **R: Jasmund.**
β. dilatatum, F. — Laub lang gestielt, ½ — ¾ so
breit als lang: die untersten od. die meisten Zipfel der
Fiedern kerbig-gelappt, der eine od. der andre derselben sehr selten vergrössert, fiederspaltig. — Lüssow:
am Weiher unfern des Sees nach Negast zu, mit der
gewöhnl. Form, selten.

333. *Populus, Tragus. Tournef.*

736. **P. alba**, Linn. Dodon. — Staubgefässe 2—20.

737. **P. canescens**, Smith. — Staubgefässe 2—20. —
Eine P. albo-tremula od. viell. P. tremulo-alba giebt es wahrscheinlich auch, ist aber wohl von P. can. zu unterscheiden.
β. mixta, F. — Trägt auf einem Ast nur männliche,
auf einem andern nur weibl., auf einem dritten, in denselben Kätzchen untermischt, männl. u. weibl. Blüthen,
endlich auf einem kleinen unteren Ast männl. u. weibl.
Blüthen in demselben Kätzchen mit (etwa 5männigen)
Zwittern untermischt. — In einem Garten der Kniepervorstadt.

738. **P. nigra**, Linn. Dodon. — Staubgefässe 3—30.
Männl. Kätzchen bisw. am Grunde ästig.

739. **P. tremula**, Linn. C. Bauh. — Tremula Latino-
rum, Val. Cordus. — Staubgefässe 3—30.
β. villosa, Lang (als Art). — Negast.

334. *Potamogeton, Fuchs. Tournef.*

740. **P. compressus**, Linn. — P. caule compresso —,
Rajus. — Knieper-Mühlengraben und -Teich, Pautlitz
(Weiher) u. a. O. Demmin. Lassan.

741. **P. crispus**, Linn. — P. — crispum —, Thal. —
Die unteren Blätter am Rande flach. — Knieperteich
(in Menge) u. a. v. a. O. Demmin. Lassan.

742. **P. gramineus**, Linn. mit Ausschl. des Cit. aus
Rajus u. aus Loesel (obgleich aus Letzterem der Name
entnommen ist). — Ich fand hier nur die flg. Var.
β. heterophyllus, Fries. — Lehmgrube neben dem Wege
nach Devin; Torfgruben im Voigdehäger Moor u. am
See bei Steinhagen; im Krummenhäger u. im Borgwall-
See; bei Steinhagen. — Vgl. unten die Bem. bei P. natans.

743. **P. lucens**, Linn. — Fontinalis lucens major, J.
Bauh. — Knieperteich (auch die gehörnte Form mit ver-
kleinerter od. verschwindender Blattfläche), Andershöfer
Teich u. a. O. Demmin. Lassan.

744. **P. marinus**, Linn. — Weiher jenseits Pautlitz

an der Chaussee (Früchtchen grösser, röthlich-ledergelb).
Wahrscheinlich auch im Strandwasser. **R:** im Mählen,
mit kleineren, olivenbraunen Früchtchen.

745. **P. murronatus**, Schrad. — Knieper-Mühlengraben u. -Teich; selten.

746. **P. natans**, Linn. — Frankenteich u. fast in allen Weihern u. allen Torfgruben. — Am Ufer flachrandiger Gewässer u. an austrocknenden Standorten wird diese Art nebst P. gramineus *kurzstengelig*, kommt aber nicht zum Blühen; bei heiden sind dann die unteren Blätter meist phyllodienartig, die oberen den sonstigen schwimmenden gleich, aber bei P. natans kürzer gestielt.

747. **P. obtusifolius**, M. u. Koch. — Knieper-Mühlengraben u. -Teich, häufig.

748. **P. pectinatus**, Linn. — Unterste Blätter oft (immer?) 3nervig. -- Strandwasser; Gräben der Frankenweide; Torfgrube der Prohner Triff am Fusssteige nach Preetz: hier die Früchte mit einer ins Gelbliche ziehenden Färbung. Lassan: in der Peene. **R:** in u. an dem Mählen.

749. **P. perfoliatus**, Linn. Rajus. — Frankenteich, Borgwallsee; Mühlengraben an der Chaussee bei Grünhufe u. bei Pütte. Demmin. Lassan.

750. **P. pusillus**, Linn. — P. pusillum —, Vaill.
α. major, Fries. — In dem alten Wallgraben an der Trib. Vorstadt, nördlich von der Brücke zur Barther Landstrasse. Lassan: in der Peene.
β. vulgaris, Fries. — Mit der v. Var. in dem vorher bezeichneten Wallgraben. Rügen (ohne genauere Angabe des Fundortes).

751. **P. rufescens**, Schrad. — Knieper-Mühlengraben; II. Graben: in Menge; Deviner Fliess u. a. O.

752. **P. vaginalis**, F. — Zur Rotte Coleophylli (Koch) gehörig. — Blätter lineal, vom Grunde an kaum merklich verschmälert, kurz-stachelspitzig, quer-aderig, etwas breiter als der Stengel, krautig: untere und mittlere stumpf, fast halb-stielrund, oberseits flach u. nach dem Grunde hin seicht-rinnig, 5—mehrnervig; obere ziemlich flach, unterseits schwach-gewölbt, nach der Spitze hin merklicher verschmälert, 5nervig; die obersten flach, verschmälert spitz, 3nervig. — Blüthen u. Früchtchen vermochte ich noch nicht zu erlangen; aber auch so unterscheidet sich diese Art hinreichend von den beiden heimischen verwandten, ausserdem von P. zosteraceus (Fries) durch die nicht flachen noch durchscheinenden, auch nur ziemlich entfernt quer-aderigen, nicht netzig-aderigen Blätter. Letztere, wenigstens die unteren, werden bis 9" lang u. über 1''' breit; der Stengel ist von 2mal so grossem Durchmesser, als bei P. pectinatus. — Demmin: in der Tollense; häufig.

335. *Potentilla*, Brunfels. Linn.

753. **P. Anserina**, Linn. — Die Pot. der Älteren.

β. sericea, Koch.
γ. viridis, Koch. — Selten.

754. **P. argentea**, Linn. — Quinquefolium folio argenteo, C. Bauh. — Barther Landstrasse u. a. v. a. O.

755. **P. cinerea**, Chaix. — **R:** Kl. Vilm.

756. **P. opaca**, Linn. — Tribsees: Plenniner Laubholz. Lassan: Kirchhof.

757. **P. pilosa**, Willd. — Kniepervorstadt (am Wege zur Vogelstange) u. vielleicht a. O. -- Die unteren Blätter bisw. 7zählig.

758. **P. procumbens**, Sibth. — Tormentilla reptans, Linn. Pentaphyllum rept. alatum, Rob. Plot. — Deviner u. Voigdehäger Moor; Sandhagen: am See bei der Torfgrube; an der Chaussee bei Negast u. bei Steinhagen.

759. **P. reptans**, Linn. — Pentaphyllon repens, Camerar. — Untere Blätter nicht selten 7zählig. Stengel bisw. etwas ästig mit einfachen Ästen, Blütheutheile, wie auch bei P. Anserina, öfters 6zählig.

760. **P. supina**, Linn. — Pentaphyllon supinum, Lobel. — Ganz sicher 2. — An der neuen Schiffswerfte, jetzt verschüttet. Knieпervorstadt? Greifswald.

761. **P. Tormentilla**, Sibth. — Torm. Brunfels. Torm. erecta, Linn. -- Der Stengel wurzelt bisw. auf nacktem Boden. — Parower Aussenkoppel, Negast u. a. v. a. O.

762. **P. verna**, Linn. — Deviner Ort. Anclam. **R:** Kl. Vilm. Thiessow.

336. *Poterium*, Dalech. Linn.

763. **P. Sanguisorba**, Linn. — Sangu. minor, Fuchs.
— **R:** Arcona, Jasmund.

337. *Primula*, Lobel. Linn.

764. **Pr. elatior**, Jacq. — Pr. veris β. elatior, Linn. Pr. v. — el., Clusius. — Abtshagen, in diesseitigen Walde. Anclam. **R:** Stubnitz u. a. O.

765. **Pr. farinosa**, Linn. — Barth. Tribsees. Gützkow. Anclam, sehr häufig. Lassan: Vorwerk.

766. **Pr. officinalis**, Jacq. — Pr. veris α. off., Linn. Verbasculum odoratum, Fuchs. — Am Strande nach Devin; Niederhof; Chaussee bei Pütte u. a. O.

338. *Prunella*, Fuchs. Tournef.

767. **Pr. vulgaris**, Linn. Tragus. — Brunella, Brunfels.

339. *Prunus*, Fuchs. Linn.

768. **Pr. avium**, Linn. Fl. suec. II. — Cerasus — silvestris —, C. Bauh. — Knieperstrand; Neu - Preetz; Devin: Rauhe Berg. Häufig in Wäldern. **R:** Jasmund; Berger Holz.

769. **Pr. insititia**, Linn. — Pr. silvestris major, Rajus. — II. Graben; Niederhof.

770. **Pr. Padus**, Linn. — Padus, Hist. Lugd. — Penninz; Abtshagen. **R:** Berger Holz; Medars.

771. **Pr. spinosa**, Linn. — Pr. silvestris vulgaris, Tragus.
β. coaetanea, Wimm. u. Gr. — II. Graben u. a. O.

Pr. Cerasus, Linn. und **Pr. domestica**, Linn. — Bisw. verwildert.

340. *Psamma*, Roem. u. Schultes.

772. **Ps. arenaria**, R. u. Sch. — Arundo ar., Linn. — Dünholm: Deviner Ort; Parower Strand. Demmin. **R:** Altenführ, Drigge.

773. **Ps. baltica**, R. u. Sch. — Arundo balt., Flügge. — Dars. Zingst. Rügen.

341. *Pteris*, (Fuchs.) Linn.

774. **Pt. aquilina**, Linn. — Deviner Strand, Negast u. a. v. a. O. Rügen.

342. *Pulicaria*, Gaza. Gärtner.

775. **P. dysenterica**, Gärtn. — Inula dys., Linn. — Andershöfer Strand: Ufer am Deviner See: Teschenhagen, neben der Chaussee; Pennin, neben dem Hofgarten. Lassan: Vorwerk.

776. **P. vulgaris**, Gärtn. — Inula Pulicaria, Linn. Conyza minima s. Pul, Lobel. — Greifswald. Rügen.

343. *Pulmonaria*, Ruellius. Tournef.

777. **P. angustifolia**, Linn. — P. quarta — ang, Tabern. — Tribsees: Lindenbusch bei Semlow (Billich).

778. **P. officinalis**, Linn. — P. vulgaris, Clusius. P. latifolia, C. Bauh. — Andershöfer Strand: Niederhof: Park. Mit gefleckten Blättern in der Bussiner Forst bei Cummerow; desgl. bei Barth: Santel, Lübnitz. Greifswald: Grubenhagen; Hohenmühl. Anclam. Lassan. **R:** Jasmund.

344. *Pulsatilla*, Brunfels. Tournef.

779. **P. patens**, Mill. — Anemone pat., Linu. Puls. — ß. majore — patente. Ammau — Hiddensee. **R:** Schmale Heide, Mönchgut.

780. **P. pratensis**, Mill. — Anemone prat., Linn. — Tribsees: Plenniner Laubholz. Demmin, häufig (blühte dort im Aug. 1859. zum 2ten Mal ziemlich reichlich). Greifswald. Anclam. Lassan: Papenberg. **R:** Schmale Heide.

781. **P. vernalis**, Mill. — Anemone vern., Linn. — Lassan: Buggow.

782. **P. vulgaris**, Mill. Lobel. — Anemone Puls., Linn. — Martensdorf, in der Nähe der Kiefern, selten. Grimmen, Anclam. **R:** zwischen Bergen und der Lietzower Fähre. Jasmund: Potchower Mühlenberg.

Pyrethrum Parthenium, Smith. — Oft verwildert.

Pyrola. Pyrus. — Vid. Pirola. Pirus.

345. *Quercus*, Fuchs. Linn.

783. **Qu. Robur**, Linn. Spec. u. Fl. succ. — Qu. pedunculata, Ehrh.

784. **Qu. sessilis**, Ehrh. nach Smith. — Qu. sessiliflora, Smith. Qu. Robur β. Linn. Fl. succ. II. u. Mant. II.

346. *Radiola*, Rajus. Dillen.

785. **R. Linoides**, Gmel. — R. vulgaris serpyllifolia, Rajus. Linoides s. Rad., Rupp. Linum Rad., Linn. — Teschenhagen, Sandhagen, Negast, Langendorf, Martensdorf, Prohn u. a. O. **R:** bei Stubbenkammer.

347. *Ranunculus*, Fuchs. Dillen. Vgl. Ficaria.

1. Batrachium.

R. hederaceus (Linn. Dalech.) angeblich bei Anclam (u. Stettin).

a) Stengel stumpfkantig. Staubgefässe länger als das Köpfchen der Fruchtknoten.
1) Staubgefässe meist 8—12.

786. **R. paucistamineus**, Tausch. — Kronblätter verkehrt-eiförmig-länglich, fast keilig; Blumenkrone klein. — Gräben im Tribs. Felde; alter Festungsgraben um die Frankenvorstadt u. a. O.

β. coenosus, F. — Stengel kurz, aufstrebend, dichtbeblättert. Blattzipfel fast in einer Ebene ausgebreitet, kürzer, breiter. (Kronblätter meist kürzer.) — An überschwemmt gewesenen od. ausgetrockneten Orten.

787. **R. minor**, F. — Von dem v. unterschieden durch meist kräftigeren Wuchs, durch die breit-verkehrt-eiförmigen Kronblätter und durch die oft od. meist vorhandenen schwimmenden (im Ganzen wie bei R. aquatilis gestalteten) Blätter. — Mit dem v. (und mit R. aquatilis: von letzterem durch die gleich-bleibende von Anfang an geringerer Zahl der Staubgefässe und Kleinheit der Blumenkrone, so wie durch kleineren Wuchs unterschieden); Parow, in der Nähe der Aussenkoppel; Seemühl u. a. O.

α. trichotomus, F.

β. natans, F. — Vgl. über beide Varr. unten bei R. aquatilis.

γ. coenosus, F. — Wie die Var. β. der v. Art, aber auch mit Blättern von der Gestalt der schwimmenden.

2) Staubgefässe 15 — 30, selten weniger.

788. **R. divaricatus**, Schrank. — R. aquatilis β. Linn. R. aquaticus albus, circinatis tenuissime divisis foliis, Plukenet. — Staubgefässe oft nur 12 — 15. Narben länglich, an den äusseren Fruchtknoten 3—4mal so lang als breit. — Sehr häufig: im Frankenteich in Menge; Knieper-Mühlengraben u. a. O. Demmin. — Kommt auch als Landform (coenosus) vor: allein so fand ich ihn noch nicht blühend.

789. **R. aquatilis**, Linn. (mit Ausschl. der meisten Varr.) Dodon. — Narbe verkehrt-eiförmig. Grösse der Blumenkrone von kaum ½'' bis gegen 1¼'' in Durchmesser wechselnd: bei sehr langem Blühen, besonders bei verschwindendem Wasser, wird sie an den späteren Blüthen oft viel kleiner als zuerst, und die Zahl der Staubgefässe vermindert sich dermassen, dass man sie der beiden ersten Arten vor sich zu haben glauben könnte. — Nach der Gestalt der Blätter sind die beiden Hauptformen:

α. trichotomus, Vill. (als Art.) R. aquatilis γ. Linn. mit Ausschl. des anderen, zu R. fluitans gehörenden Cit. aus C. Bauh. R. aquaticus capillaceus, C. Bauh. — Die minder entwickelte Form. Blätter sämmtlich untergetaucht:

11

nur an Standorten, deren Wasser sich mit der steigenden Sommerwärme sehr erwärmt (in Lachen, Gräben u. dgl.), fallen sie beim Herausziehen in eine pinselförmige Spitze zusammen, aber nicht in kühlerem, reinem Wasser. β. natans, F. — Var. α. β. γ. Koch, worin aber die zahlreichen Formen keineswegs erschöpft sind. — Obere Blätter schwimmend, zu einer mehr od. minder vollkommen ausgebildeten, vielgestaltigen (3spaltigen oder 3theiligen, verschiedentlich gekerbten, gelappten od. getheilten, seltener 5lappigen) Blattfläche entwickelt. Zwischen den untergetauchten und den schwimmenden Blättern bildet sich oft eine Mittelform von 3zähligen Blättern aus, deren Blättchen nicht in einer Ebene liegen, während öfters das eine od. das andre derselben in lineale, fast haarförmige, aber doch deutlich flache Zipfel zerschlitzt ist. Auch wirklich schwimmende 3zählige Blätter sind nicht selten. Bisw. wächst der Stengel, nachdem er schwimmende Blätter getrieben, mit borstenförmig - vielspaltigen Blättern weiter.
γ. coenosns, F. — Var. δ. succulentus (Koch) ist ohne Blätter von der Gestalt der schwimmenden. — Vgl. oben R. minor γ. coenosus.

790. **R. triphyllos,** Wallr. — R. Petiveri, Koch zum Theil: die Var. α. minor möchte zu R. aquatilis gehören, welchem Koch unrichtig die 3zähligen Blätter abspricht. — Von der v. Art unterschieden durch kräftigeren Wuchs u. durch Folgendes: Narben länglich; Blüthenstiele länger (ein etwas trügerisches Merkmal); schwimmende Blätter weniger häufig als bei der v. Art, tief-3-theilig od. 3zählig (nicht bloss 3spaltig od. 3lappig, also eine minder ausgebildete Blattfläche darstellend). — Südlicher Graben der Frankenweide; Deriner Fliess, oberhalb des Dorfs, u. a. O.
α. trichotomus, F.
β. natans, F. — Beide Varr. wie bei R. aquatilis.

791. **R. rigidulus,** F. — Ob Batrachium marinum, Fries? — Von der v. Art durch Folgendes unterschieden: Staubgefässe das Köpfchen der Fruchtknoten kaum überragend; Kronblätter in den fast gleich-breiten Nagel kurzverschmälert; Fruchtboden nur Früchtchen kahl, letztere durch einen schlankeren Griffel bespitzt; Blätter untergetaucht, weniger oft getheilt, mit (minder zahlreichen) längeren, etwas dickeren, ziemlich steifen Zipfeln (dem R. fluitans sich nähernd). — Mit den borstenförmig-vieltheiligen Blättern abwechselnd (!) kommen oberwärts, aber viel seltner, solche vor, an denen sich die Blattfläche ziemlich unvollkommen entwickelt: sie sind bald 3zählig, bald doppelt-3zählig; die Blättchen im ersteren Falle meist 3eckig-verkehrt-eiförmig, ausgerandet od. 2—3spaltig od. getheilt, klein, — im zweiten Falle meist lineal-spatelförmig und bisw. gespalten od. getheilt. — Da die Pflanze im weiten Wasserraume (im Strand-

wasser) wächst, so weiss ich mir diesen Blattwechsel nicht zu erklären.
b) Stengel stielrund. Staubgefässe kürzer als das Köpfchen der Fruchtknoten.
792. **R. fluitans,** Lamck. — R. albus θ. peucedani foliis, Hermann. R. aquatilis δ. Linn. — Ob im Gebiet sicher vorhanden?
793. **R. pentapetalus,** F. — Von der v. Art (wie sie beschrieben wird) durch Folgendes unterschieden: Blumenkrone stäts 5blättrig (nicht 9—12blättrig), mässig gross (wenig od. kaum grösser, als bei R. divaricatus); Kronblätter verkehrt-eiförmig (nicht länglich-keilig). — Deumin: in der Tolleuse u. der Peene, und wahrscheinlich im Verlauf der letzteren bis Wolgast hinab.

II. Ranunculus.

794. **R. acer,** Linn. — R. pratensis erectus acris, C. Bauh.
β. parviflorus, F. — Blumenkrone kaum länger als der (ebenfalls kleinere) Kelch, etwa ³⁄₄" im Durchmesser, grünlich-gelb. Die ganze Pflanze bisw. sehr klein. — Mit der Hauptform: am Knieperteich, an der Chaussee nach Langendorf; selten.
795. **R. lingua,** Linn. Gesner. — Äcker am H. Graben und an der Barther Landstrasse. Lassan. Rügen.
796. **R. auricomus,** Linn. Dodon. — Unweit Knöchelsöhrn; Chaussee nach Negast bis zur Windmühle; Negast, Parower Park u. a. O.
797. **R. bulbosus,** Linn. Lobel. — Knieperstrand, Barther Landstrasse u. a. v. a. O.
798. **R. Flammula,** Linn. — Fl. ranunculus, Dodon. — Tribs. Feld; am Vogelsang u. a. v. a. O.
799. **R. lanuginosus,** Linn. — R. montanus lan. —, C. Bauh. — Abtshagen. Richtenberg: zwischen Millienhagen und Bärenwalde. Tribsees: Pleuniner Laubholz. Demmin: Devensche Holz. Anclam. Lassan: Bauerberg. R: Berger Holz.
800. **R. lingua,** Linn. — L. Plinii, Dalech. — Am Knieper-Mühlengraben, Vogelsang; Faniugsberg u. a. v. a. O.
801. **R. polyanthemos,** Linn. — R. pol. simplex, Lobel. — Greifswald.
802. **R. repens,** Linn. — R. pratensis rep. —, C. Bauh. — Am Wallgang u. a. v. a. O.
803. **R. reptans,** Linn. — R. palustris longifolius minimus rept. —, (Burser.) P. Martin. — Stengel auf grasigem Boden vom Grunde an aufstrebend, nicht wurzelnd, auf steinigem Kiesboden aufrecht. Der Wuchs am üppigsten auf feinerem, mässig feuchtem Kiese. — Am Borgwallsee bei Negast, Lüssow, Langendorf.
804. **R. sardous,** Crantz. — Sard. Ran., Val. Cordus. R. Philonotis, Ehrh. — Jarmen: Müssentiner Holz (ausserhalb des Gebiets).
805. **R. sceleratus,** Linn. — Scelerata, Apulejus. —

⊙ u. ♂. — Am Knieper-Mühlengraben. Strand u. a.
v. a. O.

348. *Raphanistrum*, Morison. Tourn.
806. **R. Lampsana**, Gärtn. — Lamps., Matthiol. L. vera,
Hist. Lugd. Raphanus Raphanistrum, Linn.
Raphanus sativus, Linn. — Die Var. Radicula
bisw. verwildert.

349. *Reseda*, Gesner. Linn.
807. **R. Luteola**, Linn. — Lut., Lobel. — Wälle,
Vorstädte, Schiessstand bei Franzenshöhe, Chaussee
nach Pantlitz. **R:** Jasmund.
R. alba, Linn. — Bisw. aus verschlepptem Samen.

350. *Rhamnus*, Bellonius. Linn.
808. **Rh. cathartica**, Linn. — Rh. catharticus, Linn.
Hist. Lugd. — II. Graben. **R:** Garz, Stubnitz.
809. **Rh. Frangula**, Linn. — Fr., Dodon. — Negast,
Niederhof u. a. O. Lassan. **R:** Berger Holz.

Rhinanthus, Linn. — Vid. Alectorolophus.

351. *Rhynchospora*, Vahl.
810. **Rh. alba**, Vahl. — Schoenus albus. Linn. — Negaster Moor.
811. **Rh. fusca**, R. u. Schult. — Schoenus fuscus, Linn.
Spec. II. append. — **R:** Schmale Heide, in dem Moor
am Fusse der Prora.

352. *Ribes*, Fuchs. Linn.
812. **R. alpinum**, Linn. — R. alpinus dulcis, J. Bauh.
— Parower Park! **R:** Bergen. Sagard. Stubnitz.
813. **R. Grossularia**, Linn. — Gr., Ruellius. — Am
Ablass des Andershöfer Teichs, Knieperstrand. Martensdorf u. a. O., überall vereinzelt.
814. **R. nigrum**, Linn. Dodon. — Vogelsang, Barther Landstrasse, Pennin. Deviner Moor. Lassan: Wu-
schow, beim Fischerhause. **R:** Berger Holz.
815. **R. rubrum**, Linn. — R. rubra, Lobel. — II.
Graben, Voigdehäger Trift, Niederhof, Pennin u. a. O.
Lassan: Bauerberg. **R:** Putbus, Jasmund.

353. *Rosa*, Brunfels. Tournef.
816. **R. canina**, Linn. Camerar.
α. vulgaris, Koch.
β. dumetorum, Koch.
γ. collina, Koch.
δ. sepium, Koch. — Diese fand ich nicht.
817. **R. rubiginosa**, Linn. Mant. II. append. mit
Ausschl. des Cit. aus C. Bauh. — R. spinis aduncis, foliis
subtus rubiginosis, Haller. — Däuholm. Lassan: Waschow,
beim Fischerhause. **R:** Ufer am Grahler und Nesebanzer Strande; Wampen. Stubnitz.
818. **R. tomentosa**, Smith. — R. villosa, Linn. Fl.
suec. II. append. nach Fries: allein Linn. sagt dort: „Caulis
aculeis raris recurvis"! — II. Graben, Knieperstrand u. a.
v. a. O.
R. pomifera, Hermann. — Bisw. verwildert. —

Eine od. die andre Art ist ausser den verzeichneten
wohl noch heimisch; ich fand sie indess nicht blühend.

354. *Rubus*, Eur. Cordus. Tournef.
Da diese jetzt so schwierige Gattung in der Nähe
von Stralsund nur durch verhältnissmässig wenige Arten vertreten ist, aus getrockneten Exemplaren aber
sichere Bestimmungen sich nicht geben lassen, so muss
ich darauf verzichten, hier eine auch nur annähernd
vollständige Aufzählung der heimischen Arten zu lie-
fern. Ähnlich, wenngleich nicht völlig so übel, verhält
es sich mit der Gattung Salix.
819. **R. caesius**, Linn. — R. repens fructu caesio, C. Bauh.
820. **R. Chamaemorus**, Linn. — Chamaemorum
Norwegica, Clusius. — Zingst. Dars. Greifswald, ?.
821. **R. Idaeus**, Linn. Tragus. — Lüssow, Martensdorf u. a. v. a. O.
β. simplicifolius, F. — Blätter einfach, verkehrt-eiförmig, kurz-zugespitzt, am Grunde etwas herzförmig, an
den heurigen Stengeln oft vorn schwach-3lappig. —
Parow: Elsbruch hinter der Aussenkoppel in der Nähe
der Kiefern, mit der gewöhnl. Pflanze, selten.
822. **R. plicatus**, W. u. Nees. — R. fruticosus, Linn.
zum Theil; denn ohne Zweifel ist dies im Verhältniss
zu den jetzigen Unterscheidungen eine Collectiv-Benen-
nung. — Parower Aussenkoppel.
823. **R. saxatilis**, Linn. Clusius. — Chamaerubus sax.,
C. Bauh. — Negast, Abtshagen, Bussiner Forst. Tribsees: Lindenbusch bei Semlow. Lassan: Buggenhagen.
R: Stubnitz.
824. **R. Schleicheri**, W. u. Nees. — Negast.
825. **R. Sprengelii**, W. u. Nees. — Negast.
826. **R. suberectus**, Anderson. — R. fastigiatus, W.
u. Nees. — Negast. Demmin: Kiefern des Devenschen
Holzes.
827. **R. vulgaris**, W. u. Nees. — Parower Aussenkoppel u. a. O.

355. *Rumex*, Eur. Cordus. Linn.
828. **R. Acetosa**, Linn. Spec. (mit Ausschl. der Varr.
δ. ε.) u. Fl. suec. (mit Ausschl. der Var. β.). — Acetosa,
Brunfels.
829. **R. Acetosella**, Linn. — Acetosella, Lonicer.
830. **R. conglomeratus**, Murr. — R. acutus, Linn.
Spec. (?) Val. Cordus. Lapathum acutum, Tragus. — Tribs.
Feld, Frankenweide, Devin, Negast, Abtshagen u. a. O.
831. **R. crispus**, Linn. Spec. u. (zum Theil) Fl. suec.
II. — Lapathum acutum crispum, Tabern. — Sehr häufig
trägt nur eine Fruchtklappe eine vollkommene Schwiele.
832. **R. Hydrolapathum**, Huds. — Hydr. majus,
Lobel. — An den Teichen; Kupferwiese, Vogelsang,
Negast u. a. O.
833. **R. maritimus**, Linn. — Anthoxanthon, J. Bauh.
— Am Strande bei Andershof u. Devin; Weiher bei
Langendorf u. bei Pantlitz, u. a. O. **R:** Wittow, Schabe.

834. **R. Nemolapathum**, Wallr. — R. sanguineus,
Linn. bei Koch; a. unten Var. β.
α. viridis, F. — R. sanguineus β. viridis, Smith. R. uemo-
rosus, Schrad. — Negast. Demmin. **R:** Garz.
β. sanguineus, Wallr. — R. sang., Linn. Lapathum sanguineum, Lobel. Diese fand ich nicht.
835. **R. obtusifolius**, Linn. Spec. (nicht Mant. II.
pag. 370.). — Lapathum vulgare folio obtuso, J. Bauh. —
Tribs. Vorstadt u. a. v. a. O.
β. discolor, Wallr. — Sonst an den Gärten neben dem
Voigdehäger Teich (Nordseite).
γ. silvester, Koch. — R. silvestris, Wallr. — Ahtshagen,
im diesseitigen Walde, ziemlich selten.
836. **R. paluster**, Smith. — Linn. scheint diese Art
in Mant. II. (unter R. obtusifolius) und Syst. XIII. (unter
R. acutus) angedeutet zu haben mit den Worten: „Valvu-
larum dentes utrinque plures, inaequales, longitudine diametri
ipsius valvulae". — Am Frankenteich; Tribs. Feld: bei
Stadtkoppel; Kniepervorstadt u. a. O. Devin: am Strande:
Langendorf.
β. major, F. — Höher: Blätter fusslang u. darüber,
fast handbreit. — Am Frankenteich: selten.

356. *Ruppia*, Linn.

Blüthenstiele 2blüthig mit wechselständigen Blüthen.
Staubbeutelfächer getrennt, mit einer Längsspalte 2klap-
pig-aufspringend. Fruchtknoten 4—8. Fruchtstielchen
dem Blüthenstiel mit einem Gelenk eingefügt, zuletzt
etwa 6mal so lang als das Steinfrüchtchen, mit diesem
abfallend. — Bei Linn. in Class. IV, 4, indem er flächige
Staubbeutel annahm; wer die Staubbeutel (richtig) als
2fücherig ansieht, muss die Gattung in Class. II, 4. (Te-
tragynia = Polygynia) des Sexualsystems stellen.
837. **R. rostellata**, Koch. — R. maritima, Linn. zum
Theil. Buccaferrea maritima, foliis acutissimis, Micbel. nov.
gen. pg. 72. (?) tab. 35: der fruchttragende Blüthenstiel
unten rechts. — Staubbeutelfächer kreisrundlich, fast halb-
kugelig, 4–6mal kleiner als bei der flg. Art: auch die
Ähre viel kleiner. Fruchtknoten meist 4. Blüthenstiele
zuletzt höchstens 2mal so lang als die Blattscheide, nicht
selten kaum so lang als diese: daher die Ähre oft während des Blühens eingeschlossen od. halb eingeschlossen. Blätter spitz. Stengel viel ästiger und viel reichblüthiger als bei flg. Art: daher die Blätter oft zusam-
mengeschoben, fast gegenständig, und die Blüthenstiele
nicht selten in den Astwinkeln. — Im Strandwasser. **R:**
im Mählen. — Linn. hat beide Arten gekannt und im
Hort. cliff, so wie in den Spec. diese erstere (nach den
Cit. aus Micheli) als Hauptform aufgestellt, die folgende
in H. cliff. als Var. β. (,,Buccaferrea maritima, foliis minus
acutis, Mich. pg. 72. tab. 35.") hinzugefügt, in den Spec.
nicht wieder erwähnt. Von der letzteren scheint er auch
in dem R. restg. zu handeln, wenn er nicht an dem dort
angegebenen Orte vielleicht beide, ohne sie zu unter-

scheiden, gefunden hat; mit reifen Früchtchen hat er
die lebende Pflanze wohl nirgends gesehn.
838. **R. spiralis**, F. — R. maritima, Linn. zum Theil.
— Staubbeutelfächer länglich, zu 2 den Blüthenstiel fast
ringförmig schräg umgebend. Fruchtknoten oft 6—8.
Blüthenstiele schon vor dem Aufblühen verlängert, zuletzt meist 2—4mal so lang als das stützende Blatt, beim
Sinken des Wassers sich in schraubenförmige, ziemlich
weite Windungen legend. Blätter stumpflich. — Im
Strandwasser. **R:** im Mählen.

357. *Sagina*, Lobel. Linn.

1. Saginella. — Die Blüthen, besonders die
ersten, bilden bei den meisten Arten einzelne od. einige
Organkreise nicht selten 5zählig aus.

a) Stengel verkürzt, aufrecht, dicht-beblättert, niemals
aus der Spitze sich verlängernd u. bluthentragend. Iste
niederliegend, wurzelnd, neue Stöcke von der Form
des Stengels treibend, an der Spitze nebst den Ästchen aufstrebend.
839. **S. Nizzenna**, F. — Kahl. Blätter kurz-stachelspitzig (das Stachelspitzchen bisw. kaum merklich). Blüthenstiele gerade od. (gleich den Ästchen) gekrümmt-
aufstrebend, niemals an der Spitze hakig. Blüthen (im
geschlossenen Zustande) seitwärts (in der Richtung der
inneren Kelchblätter) zusammengedrückt, breit-eiförmig,
am Grunde abgestutzt. Die Blüthentheile (fand ich)
durchaus nur 4zählig. Kelchblätter eiförmig und (besonders die äusseren) kahnförmig-vertiefl, stumpf. Kronblätter (grünlich) verkehrt-eiförmig, an der Spitze oft
2spaltig od. gezähnelt (meist) mit einem längeren Zähn-
chen, od. auf einer sehr kleinen zahnförmigen Ansatz
beschränkt, oft unvollzählig od. fehlend. Kapsel etwas
kürzer als die bei der Reife abstehende Kelch. 2↓. Mai
— Septbr. Blüht meist mit geschlossenen Kelch: nur
im hellen Sonnenschein der höheren Tagesstunden sind
die äusseren Kelchblätter abstehend. — Auf dem Stadtfelde; selten. Die ähnliche S. procumbens unterscheidet
sich durch Folgendes: Wuchs etwas schwächer: Stachelspitzchen der Blätter 2—3mal länger: Blüthenstiele
nach dem Verblühen bis gegen die Fruchtreife an der
Spitze hakig-herabgebogen: Blüthen kleiner, (geschlossen) länglich-rundlich, an beiden Enden gleich, im Quer-
schnitt kreisrund: Kelchblätter elliptisch, an der Spitze
weniger vertieft, kürzer als die ausgebildete Kapsel.
beim Blühen im Sonnenschein der grössten Theil des
Tages hindurch (wie auch bei der Fruchtreife) wage-
recht-ausgebreitet: Narben 2mal so lang als bei jener,
die Kapsel kleiner, die Samen kleiner und minder höcke-
rig, die Kronblätter fast weiss: ausserdem oft (im Mai
u. Jun.) mit zum Theil 5zähligen Blüthenkreisen und
mit mehr oder minder vollkommen doppelt-zähligen
Staubgefässen.
840. **S. procumbens**, Linn. mit Ausschl. der Varr.

— Schon Linn. sagt: „ramis (?) procumbentibus". — ♃. Hat 4—10 Staubgefässe!

β. ciliolata, F. — Blätter mehr od. minder gewimpert: Wimpern sehr kurz, etwa ¼₆ od. ⅛ so lang als die Breite des Blatts. — Am Andershöfer Teich, selten.

h) *Stengel vollkommen entwickelt*, mehr od. minder ästig, aufrecht oder nebst den untersten, am Grunde oft ausgebreiteten Ästen (Nebenstengeln) aufstrebend.
841. **S. apetala**, Arduin. — Mai — Septbr. — Kugelfang; Gr. Damitz; am Andershöfer Teich. — An sehr trocknen, unfruchtbaren Stellen beim Kugelfang wird der Stengel niedriger, ganz einfach, 1—3blüthig. — Blüthen zur Fruchtzeit oft ein wenig nickend. Blüthenstiele und Kelche gewöhnlich drüsig-flaumhaarig; Blattwimpern an den älteren Blättern verschwindend. Indem die Behaarung spärlicher wird, entsteht endlich die flg. Var.
β. denudata, F. — Blätter von Anfang an wimperlos. Blüthenstiele u. Kelche gänzlich kahl, letztere merklich länger, oft 2mal so lang als die Kapsel u. nicht selten an der Spitze auswärts-gebogen. — An feuchteren Stellen: in Vertiefungen des Bodens am Kugelfang.
842. **S. stricta**, Fries. — S. procumbens β. Linn. Spec. II. nach Fries. — Kahl. — Mai bis Septb. — Frankenweide, bis 1860. auf einer Stelle in Menge; Parower Strand. Hiddensee. **R:** Wampen.

II. Spergella.
843. **S. nodosa**, Bartl. — Spergula nod., Linn. Alsine nod., C. Bauh. — Stengel wie bei S. procumbens: Äste aufstrebend od. ausgebreitet, nicht wurzelnd. — Kupferwiese, Audershof, Voigdehäger Moor, Sandhagen, Negast, Parow u. a. O. Greifswald. Lassan. Rügen.

358. *Sagittaria*, Lobel. *Rupp.*
844. **S. sagittifolia**, Linn. — Blüthenstand bisw. am Grunde etwas ästig. Die mittleren Blüthen nach selten zwitterig: Staubgefässe, theils die Stempel im Kreise umgebend, theils einzeln zwischen denselben. — *Andershöfer Teich*; Borgwallsee. Demmin, häufig. *Greifswald. Anclam. Lassau.* Nicht auf Rügen.

359. *Salicornia*, Dodon? *Tournef.*
845. **S. herbacea**, Linn. — Frankenweide. *Greifswald.* **R:** Drigge, in den Wiesen am Mählen.

360. *Salix*, Fuchs. *Tournef.*
Vgl. die Bem. unter Rubus. — S. alba u. S. fragilis um Str. angepflanzl; junge, aus Samen aufgewachsene Pflanzen von S. fragilis γ. Russeliana (Koch) nicht selten.
846. **S. alba**, Linn. — S. alba perticalis, Hist. Lugd.
β. glabrescens, Rchbch. — S. alba β. caerulea, Koch. S. caerulea, Smith.
γ. vitellina, Koch. — S. vitellina, Linn. Dodon. S. sativa lutea —. C. Bauh. — Nur der männl. Baum in Deutschland?
847. **S. ambigua**, Ehrh. -- Tribsees: Plenniner Moor.
848. **S. amygdalina**, Linn. — S. folio amygdalino utrinque ['] virente aurito, C. Bauh., von Linn. Spec. II.

(nach Rajus) zu dieser Art, aber ebendaselbst auch zu S. fragilis (nach Haller) citirt.
α. discolor, Koch. — Blätter unterseits äussersl fein bläulich-bereift, glanzlos, oder durch Abreiben des Reifes nach dem Rande u. der Spitze hin grün, blasser als oberseits u. glänzend.
β. concolor, Koch. — S. trlandra, Linn. nach Smith (ob richtig?).
849. **S. aurita**, Linn. — Ufer am Andershöfer Strande, Negasl, Abtshagen u. a. v. a. O.
850. **S. caprea**, Linn. mit Ausschl. der Varr. — S. c. rotundifolia, Tabern. S. Capraea, Vaill. — Hie u. da wildwachsend und häufig angepflanzt. **R:** Jasmund.
851. **S. cinerea**, Linn. - Barther Landstrasse u. a. v. a. O. — Kommt auch vor mit 1häusigen, 1bettigen, so wie mit monströs-zwitterigen Blüthen: Allee an der Herrenwiese.
852. **S. cuspidata**, Schultz. Starg. — S. pentandra β. Linn. Fl. suec. nach Richter. S. tetrandra, Linn. It. gotl. nach Frits. — Negast.
853. **S. daphnoides**, Vill. — Niederhof. **R:** Jasmund.
854. **S. depressa**, Linn. Fl. suec. II. nach Fries. — S. livida, Wahlenbg.
α. velutina, Koch. — Am Frankenteich. Negast.
855. **S. fragilis**, Linn. C. Bauh.
β. Russeliana, Koch (Var. γ.). — S. Russ., Smith.
856. **S. pentandra**, Linn. — Andershöfer Strand; am Vogelsang, häufig; Negast u. a. O.
β. latifolia, Hartm. — S. polyandra, Wilke Fl. gryph. — Zwischen dem Voigdehäger Moor u. Teschenhagen im Hasenwinkel; angepflanzt, baumartig, in der Brunnenaue.
857. **S. phylicifolia**, Linn. — S. phylicae humilioris folio, Rudbeck. — **R:** auf Dünen.
858. **S. repens**, Linn. — S. alpina pumila — rep., C. Bauh. — Kugelfang, Parower Aussenkoppel, Lüssow, Negast, Voigdehäger Moor u. a. v. O. — die 2 ersten Varr.
α. vulgaris, Koch. — S. repens, Smith.
β. fusca, Koch. — S. fusca, Smith; aber (nach Fries) nicht Linn.
γ. argentea, Koch. — S. arg., Smith. S. arenaria, Linn.
(?). — **R:** Schabe.
δ. leiocarpa, Koch. — **R:** Schmale Heide u. a. O.
859. **S. rosmarinifolia**, Linn. — Parower Aussenkoppel: Voigdehäger Moor. Greifswald. Lassan: Vorwerk.
860. **S. viminalis**, Linn. Schwenckfeld. — An den Teichen u. a. O.

Bastard:
855+846. **S. fragili-alba**, F. — Hat das Aussehen und die unterseits bläulich-bereiften Blätter der S. alba, nebst der nur in der Jugend vorhandenen seidigen Be-

haarung der Blätter wie bei S. alba β. glabrescens, unterscheidet sich aber durch Folgendes: Blätter länger zugespitzt, gröber gesägt (grösser); Nebenblätter aus halb-herzförmigem Grunde schief-lanzettförmig, gesägt. Schuppen der Kätzchen überall behaart, an der Spitze gewimpert. Kapsel *spitz:* Stielchen und Griffel 2mal so lang; Honigdrüse grösser; Narben 2spaltig, grösser. — Die S. alba β. glabrescens, welche sich in der Gestalt der bald stumpfen, bald spitzeren Kapseln und in der Behaarung der Kätzchenschuppen sehr schwankend zeigt, möchte eine in der Rückbildung zur S. alba begriffene Form sein. -- Angepflanzt.

361. Sulsola, *Caesalpin. Linn.*
861. S. Kali, Linn. — Tragus et Kali —, Dodon. — Frankenstrand; am Strande nach Devin; Parow. R: Allenfähr, am nördl. Strande; Binz u. a. O.

362. Salria, *Brunfels. Linn.*
862. S. pratensis, Linn. — Horminum pratense —, C. Bauh. — Demmin: bei den Kieferu. *Anclam.*

363. Sambucus, *Brunfels. Tournef.*
863. S. Ebulus, Linn. — Eb , Brunfels. Eb. s. humilis Samb., Dodon. — *Greifswald.*
864. S. nigra, Linn. — S. fructu — nigro, C. Bauh. — Kommt vor mit Blättern, an denen hin u. wieder einzelne Blättchen mehr oder minder tief fiederspaltig sind: eine Hinneigung zu der nicht heimischen Var. laciniata, Linn.

364. Samolus, *Valerandus Dourez. Tourn.*
865. S. Valerandi, Linn. J. Bauh. — *Stralsund (?).* R: Lancken, am Strande.

365. Sanguisorba, *Fuchs. Rupp.*
866. S. officinalis, Linn. — S. major, Fuchs. — *Greifswald. Anclam.*

366. Sanicula, *Brunfels. , Tournef.*
867. S. europaea, Linn. — Niederhof, Negast, Pennin, Abtshagen u. a. O. R: *Stubnitz.*

367. Saponaria, *Tragus. Linn.*
868. S. officinalis, Linn. — Am Wege längs der Nordseite des Knieper-Kirchhofs; Voigdehagen, am Kirchhof u. nach der Trift zu; an der Chaussee diesseits Pantlitz — u. a. O. *Lassan: Wehrland.* — An den beiden erstgenannten Orten steht die Pflanze nachweislich gegen 100 Jahre; dennoch ist sie bei uns kaum ursprünglich heimisch.

368. Sarothamnus, *Wimmer.*
869. S. scoparius, Koch (früher). — Spartium scoparium, Linn. Genista scoparia —, Lobel. Saroth. vulgaris, Wimm. Genista vulg., Bellon. — Kugelfang, Devin, Niederhof u. a. O. *Lassan. Rügen.*

369. Saxifraga, *Fuchs. Linn.*
870. S. granulata, Linn. — S. alba (Fuchs) radice granulosa, J. Bauh. — Ufer am Deviner Strande. *Greifs-*

wald. Lassan. R: auf den Hügeln an der Wamper Wiek.
871. S. Hirculus, Linn. — Hirc. frisicus Dortunanoi —, Clusius. — *Niederhof.* Tribsces: Plenniner Moor. *Lassan: Moor hinter dem Teufelsberge.* R: *Halbinsel Thiessow.*
872. S. tridactylites, Linn. — Sedum trid. tectorum, C. Bauh. — Tribs. Feld: an mehreren Stellen, z. B. an der Sandgrube, aber in trockneren Jahren ausbleibend. Probu: Kirchhofsmauer. Tribsces: auf der Scheide zwischen Semlow u. Plennin. *Greifswald: Ludwigsburg. Lassan: am Moor hinter dem Teufelsberge.* R: *Zirkow* (bei Sehrow), *in Menge.*

370. Scabiosa, *Tragus. Vaill.*
873. Sc. Columbaria, Linn. — Col, Lobel. -- Demmin: an den Kiefern; bei Vorwerk u. im Devensehen Holz. Tribsces: Plenniner Laubholz; Drechow. *Greifswald: Kl. Zastrow. Lassan.* R: *Patbus. Stubnitz.*
874. Sc. ochroleuca, Linn. — R: *Ralswicker Heide; Stubnitzufer* (nach Weigel; genauer zu untersuchen, wobei auf die Gestalt der Fruchtköpfchen zu achten).

371. Scheuchzeria, *Linn.*
875. Sch. palustris, Linn. — Juncoidi affinis palustris, Scheuchzer. - Negaster und Arendseer Moor. *Greifswald. Anclam. Lassan: Moor am Wege nach Pulow.*

Schoberia, *Mey.* — *Vid. Chenopodina.*

372. Schoenus, *Val. Cordus. Linn.*
876. Sch. ferrugineus, Linn. — Tribsces: Plenniner Moor, am Fusssteige nach Marlow.

373. Scirpus, *Lacuna. Tournef.*
Vgl. Blysmus u. Heleocharis.
877. Sc. caespitosus, Linn. — Dänholm (?), Negast. *Greifswald: Kievhof. Rügen.* Sonst auf der vorrual. Martensdorfer Heide in Menge.
878. Sc. Duvalii, Hoppe. — *Rügen.*
879. Sc. lacuster, Linn. — Frankenteich u. a. O.
880. Sc. maritimus, Linn. — Unfruchtbare Halme dicht-beblättert. Ährchen ²/₆—²/₄'' lang. — Mit den Varr. am Strande. *Rügen.*
β. compactus, Koch.
γ. macrostachys, Koch.
881. Sc. setaceus, Linn. — Nuss zwischen den Rippen (in den Vertiefungen) *fein*-querfurchig. — Voigdehagen: am Hasenwinkel; Negast, Seemühl, Moysal, Pennin, Borgwall, Zimkendorf; Martensdorf: am Wege nach Gr. Schwass.
882. Sc. silvaticus, Linn. — Knieper-Mühlengraben, Marther Landstrasse, II. Graben, Negast u. a. v. a. O. *Rügen.*
883. Sc. Tabernaemontani, Gmel. — An der Allee neben der Herrenwiese; Knieperstrand; Deviner Ort. *Lassan.* R: an der Wamper Wick.

Se. triqueter, Linn. (nach Koch) möchte sich auch im Gebiet finden.

⁊. 374. *Scleranthus*, Linn.

884. **Scl. annuus**, Linn. — Mit niedrigem, sehr gedrungenem, halbkugeligem od. fast kugeligem Wuchs auf der Heide bei Gr. Kädingshagen.

885. **Scl. perennis**, Linn. — Kugelfang, Devin, Negast u. a. O. Demmin. **R:** Wampen; *Putbus u. a. O.*

⸙. 375. *Scorzonera*, Dodon. Tournef.

886. **Sc. hispanica**, Linn. Matthiol. — Sonst auf der vormal. Martensdorfer Heide.

887. **Sc. humilis**, Linn. — Sc. hum. —. Clusius. — Martensdorf: bei den Kiefern, Barth: Heide. *Dars.* Richtenberg; zwischen Öbelitz u. der Leplower Mühle. Tribsees: unfern des Lindenbusches bei Semlow u. im Pleminer Laubholz.

⫿⫿. 376. *Scrofularia (-ph-)*, Brunf. Tourn.

888. **Scr. aquatica**, Linn. — Scr. major aqu., Thal. Scr. Ehrharti, Steven. — Linn. citirt Loesel. pruss. mit Abbildung; weshalb man neuerdings der vorangestellte Name auf eine nur in den Rhein- u. Moselgegenden stellenweise wachsende Art (Scr. Balbisii, Hornem.) übertragen werden soll, ist mir nicht einleuchtend. - Am Deviner Fliess u. See. Demmin.

889. **Scr. nodosa**, Linn. — Scr. nod. foetida, C. Bauh. — Barther Landstrasse, nur die Vogelstange, am Strande nach Devin u. a. v. a. O. *Lassan.* **R:** *Jasmund.*

⫿. 377. *Scutellaria*, Cortusus. Tournef.

890. **Sc. galericulata**, Linn. — Lysimachia gal., Dalech. — Am Frankenteich; auf dem vormal. Kl. Paschenberge u. a. v. a. O. *Lassau.* **R:** *Putbus.*

Sc. Columnae, Allion. — **R:** *am Rugard;* verwildert.

⸫. 378. *Sedum*, Fuchs. Tournef.

891. **S. acre**, Linn. — Aizoon acre. Val. Cordus.
β. sexangulare, Linn. (als Art. Nach L. aber ♂!) — Kugelfang. Frankenstrand; Deviner Ort: am Strande; Martensdorf. **R:** Altenfähr, am nördl. Strande.

892. **S. boloniense**. Lois. — Sempervivum minus vermiculatum insipidum (,,A priore non solum gustu differt, sed etiam foliolis magis teretibus et tenuibus"). C. Bauh. — Linn. scheint in Mant. II. und in der Bemerkung der Fl. suec. diese Art mit seinem S. sexangulare vermischt zu haben. — Dänholm: östl. Ufer, selten. *Greifswald: Hanshagen.* Demmin: an den Kiefern, häufig. Rügen?

893. **S. maximum**, Suter. — S. Telephium β. u. r. maximum. Linn. Anacampseros maxima. J. Bauh. — Auf dem Stadtfelde hier zerstreut, aber nicht selten. Demmin, häufig. **R:** Ufer bei der Grahler Fähre, sehr gross, *Jasmund.*

894. **S. rupestre**, Linn. Spec. n. später: der ältere Name u. die allgemeiner verbreitete zur. bezeichnend.

— S. rup. repens —, Dillen. S. reflexum, Linn. Fl. suec. II. append. Syst. X. u. später, bei Koch vorangestellt, ist die Var. β. hier unten u. *spätere Benennung.* — Blüthen⬤ theile 5—8zählig.

α) glaucum, Koch (als Var. von S. reflexum, Linn.): das eigentliche S. rupestre, Linn. — Sonst in Menge auf der vormal. Langendorfer Heide. Demmin: an u. ju den Kiefern. *Lassan: Weide.*

β. viride, Koch (als Var. von S. refl., Linn.) — S. reflexum, Linn. — Angeblich bei uns nur in Gärten angepflanzt; soll jedoch auf Usedom (auf dem Gnitz) wildwachsend vorkommen.

S. tectorum, Scop. — Sempervivum tect., Linn. Semp. tect. majus, Rupp. — Nur angepflanzt und stäts mit entarteten Blüthen.

⸙. 379. *Senebiera*, Persoon.

S. Coronopus (Poir.) — vid. Coronopus. Diese trägt ein nicht aufspringendes, fast steinfruchtartiges, die flg. Art ein wahres, 2klappig - aufspringendes Schötchen. Endlicher schreibt irrig beiden eine silicula evalvis zu.

895. **S. didyma**, Pers. — Lepidium didymum, Linn. Mant. I. — Jahre hindurch in der Ballastkiste häufig, allmählig mit der Erde weggeführt, jetzt ganz verschwunden. *Wolgast: am Schlossberg.*

⸙. 380. *Senecio*, Eur. Cordus. Vaill.

896. **S. aquaticus**, Huds. — Tribs. Feld: Wiese nach Lüdershagen zu, einige tausend Schritt östlich von der Chaussee nach Negast. Dungarten: an der Reeknitz. Demmin: an der Tollense, sehr häufig. Lassan: Bnggenhagen.

897. **S. Jacobaea**, Linn. — Jac., Dodon. Flos S. Jacobi, Bruofels. — Kugelfang, Barther Landstrasse, Ufer am Andershöfer Strande u. a. v. a. O. Demmin.

898. **S. paludosus**, Linn. *Greifswald: Eldena.*

899. **S. paluster**, De C. — Cineraria palustris, Linn. — ☉ (?) u. ♂. — Andershof, Devin, Niederhof; Sandhagen: am Krummenhäger See; Lüssow: am Ufer des Borgwallsees; Langendorfer Moor. *Anclam. Lassau: Vorwerk.* **R:** *Robbin; Semper.* Die Wurzelblätter der heurigen Herbstpflanze kahl, glänzend.
β. latifolius, F. — Stengelblätter aus herz-eiförmigem Grunde kurz-zusammengezogen, nach der stumpfen Spitze hin allmählich verschmälert. — Lüssow, mit der gewöhnl. Form.
γ. angustifolius, F. — Blätter sämmtlich lanzettförmig-lineal, sparsamer und meist schwächer gezähnt; Stengel meist einfach, an der Spitze mit zusammengesetztem Ebenstrauss. Wuchs niedriger u. schwächer. — Am Knieper-Müllengraben, sehr selten; Lüssow, mit der v. Var.. seltner. Tribsees: Reeknitzmoor zwischen Plennin und Marlow.

900. **S. silvaticus**, Linn. — Devin: Anlogen u. Kie-

fern; Sandhagen; Marlensdorf. Demmin. **R:** Wampen, Drigge.

901. S. vernalis, W. u. Kit. — Im Jahre 1859, zum ersten Mal von mir 2 Pflanzen gefunden, auf dem Stadtfelde. — Scheint einzuwandern: in Schlesien seit 1822., häufiger seit 1835. — bei Posen seit 1847., jetzt schon häufig.

902. S. viscosus, Linn. — S. pinguis, C. Bauh. S. foetidus, Gesner. · · *Anclam.*

903. S. vulgaris, Linn. Tragus.

381. *Serratula*, Dodon. Dilleu.'

904. S. tinctoria, Linn. Tabern. — Tribsees: Plenniner Laubholz. Demmin: Devensche Holz u. bei der Gypsmühle. *Greifswald: Wampen. Barth.* **R:** Drigge, selten; *Jasmund; Münchgut.*

382. *Setaria*, Pal. Beauv.

905. S. glauca, Beauv. — Panicum glaucum, Linn. (?). — *Anclam. Lassan.*

906. S. viridis, Beauv. — Panicum viride, Linn. — Oft braunroth-überlaufen. Kommt auch mit *einzelnen* Rispen als vivipara vor. Die Rispe bisw. etwas gelappt.

β. nana, F. — Klein (1—2" hoch), meist thalmig mit 1—3 kleinen, eiförmigen Rispen. Meist gesellig, auf unfruchtbarem Sandboden: auf dem Raum eines Quadratzolles fand ich oft 20 Pflanzen. — Sandhagen, Lüssow u. a. O. **R:** Altenfähr, am nördl. Strande, besonders auf den Äckern.

383. *Sherardia*, Dilleu.

907. S. arvensis, Linn. — Asperula caerulea arv., C. Bauh. — Bei Franzenshöhe, Gr. Kädingshagen, Grünhufe, Langendorf, Neu-Lüssow u. a. O. *Lassan: am Papenberg.* **R:** *Wittow.*

384. *Silaus*, J. Bauh. Besser.

908. S. pratensis, Bess. — Pastinaca prat., Val. Cordus. Peucedanum Silaus, Linn. — *Anclam.*

385. *Silene*, (Aldrovandus.) Linn.

Vgl. Melandryum.

909. S. gallica, Linn. — Viscago hirta gall. —, Dilleu. — Barth: Kenz, — Wahrscheinlich mit fremdem Samen eingeführt und unbeständig: so fand ich (sie bei Langendorf. — Die flgg. Varr. bisw. in Gärten u. vielleicht auch auf Äckern zufällig oder verwildert.

β. quinquevulnera, Koch. — Sil. qu., Linn. Quinque vulnera Xi, Hortul.

γ. ramosissima, F. — Var. γ. anglica, Koch Sil. angl., Linn. Lychnis arvensis augl., Lobel. — Stengel vom Grunde an ästig, mit weit-abstehenden, bogig-aufstrebenden, später oft niederliegenden, verzweigten Ästen.

910. S. inflata, Smith. — Lychnis — — calyce inflato, Boehmer. Cucubalus Behen, Linn. Been album, Dodon. — H. Graben u. a. v. a. O. Rügen.

911. S. nutans, Linn. — Deviner Ort, am hohen Ufer.

Tribsees: Plenniner Laubholz. Demmin: Devensche Holz. **R:** Gustow, auf dem Papenberg. *Ralswiek; Stubnitz; Prora; Granitz.*

912. S. Otites, Smith. — Cucubalus Ot., Linn. Ot., Tabern. — Demmin: an u. in den Kiefern und bei Vorwerk. *Anclam. Lassan: Papenberg.*

913. S. viscosa, Pers. — Cucubalus viscosus, Linn. Lychnis montana viscosa noctiflora —, Tilli. — *Hiddensee.*

S. Armeria (Linn.) u. **S. pendula** (Linn.) bisw. aus verschlepptem Samen. **S. vespertina,** Retz. (?) fand ich unter Ornithopus sativus (Brot.): die Schuppen des Schlundes waren abgeschnitten-stumpf!

Silybum marianum (Gärtn.) bisw. aus verschlepptem Samen.

386. *Sinapis*, Brunfels. Linn.

914. S. alba, Linn. — Sinapi album officinarum, Besler. S. luteum sativum, Tragus. — Nicht ursprünglich heimisch; an Wegrändern und auf Äckern ziemlich häufig.

915. S. arvensis, Linn. — Sinapi arvense, Morison.

387. *Sisymbrium*, Fuchs. Tournef.

Vgl. Alliaria.

916. S. officinale, Scop. — Erysimum off., Linn. — Vorstädte u. a. v. a. O.

917. S. pannonicum, Jacq. — Früher an der Küter-Bastion; seit mehreren Jahren durch Erdarbeiten vertilgt.

918. S. Sophia, Linn. — Soph. chirurgorum, Lobel.

919. S. Thalianum, Gaud. — Arabis Thaliana, Linn. — Barther Landstrasse, Gr. Kädingshagen, Kugelfang, Parow u. a. O. Rügen.

388. *Sium*, Tabern. Linn.

920. S. latifolium, Linn. C. Bauh. — S. majus latif., Tabern. — Am Frankenteich, Herrenwiese u. a. v. a. O.

389. *Solanum*, Brunfels. Tournef.

921. S. Dulcamara, Linn. — Dulc., Dodon. Dulcis amara, Tragus. Amara dulcis, Gesner. — Am Frankenteich, Vogelsang; Negast, Abtshagen u. a. v. a. O.

922. S. vulgatum, Willd. — S. nigrum (α. vulg., Spec. II. S. nigr. α. vulgare, Spec. I.), Linn. mit Ausschl. der meisten Varr. S. vulgare. Tragus.

α. nigrum, F. — S. nigrum, Val. Cordus. — Beeren schwarz, glanzlos; seltner glänzend n. etwas kleiner bei niederem Wuchs der Pflanze; so bei Lüssow.

β. chlorocarpum, Spenner. — Beeren grün; die Färbung vom Schwarzgrünen bis ins Gelblich-graugrüne ziehend. — Nicht selten: in und an den Vorstädten.

γ. melinocarpum, F. — Beeren gelb: entweder wachsgelb, undurchsichtig (an der neuen Schiffswerfte einmal von mir gefunden), oder weingelb, mit einem schwachen Zuge ins Röthliche, stark-durchscheinend, die Samen deutlich von aussen zu unterscheiden: so auf einem Acker an der Frankenvorstadt, neben dem Fusssteige von der Chaussee zur Reiferbahn (1858.) ziemlich häufig, mit der Var. *α.* und von dieser ausser der Farbe der Beeren in gar nichts verschieden.

δ. quinquepartitum, F. — S. nigrum stenopetalum, A. Braun (?). — Stengel und Äste schlanker, letztere meist kanten- und knotenlos. Blätter kleiner, die oberen merklich schmaler und die Blattfläche oft einerseits der Länge nach bis zur Mittelrippe theilweise weggeschnitten, die der Ästchen lineal-lanzettförmig, spitz, oft ganzrandig. Blumenkrone bis auf einen ganz kurzen Ring getheilt: Zipfel lineal od. etwas lanzettförmig, rinnig, über dem Grunde meist plötzlich verbreitert. Die Beeren sah ich nur in der bei Var. *β.* erwähnten gelblich-graugrünen Färbung. — An demselben Fusssteige, wie Var. *γ.*, aber auf einem anderen Ackerstück (1858.), ziemlich häufig.

390. *Solidago*, *(Fuchs,)* Linn.

923. **S. Virga aurea** (Virgaurea), Linn. — V. aur., Dodon. u. A. — Devin; Chaussee nach Brandshagen: Niederhof, Negast, Abtshagen, Bussin u. a. O. *Lassan.* **R:** Gustow u. a. O. *Jasmund.*

β. angustifolia, Koch. — Blätter sämmtlich lanzettförmig, ganzrandig od. die unteren etwas gesägt. — Gehölz am Wege von Alt-Zarrendorf nach Elmenhorst; Bussiner Forst.

γ. latifolia, F. (Koch?). — Blätter sämmtlich elliptisch, zugespitzt, gesägt od. die oberen blüthenständigen ganzrandig; die unteren Blätter oft eiförmig. — Abtshagen, im diesseitigen Walde.

δ. microcephala, F. — Blüthenköpfchen fast um die Hälfte kleiner. Die Blätter bald wie bei der Hauptform (bei Alt-Zarrendorf mit Var. *β.*), bald wie bei Var. *β.* (so in der Bussiner Forst); an beiden Orten selten; merklich später blühend!

391. *Sonchus*, *Fuchs.* Tournef.

924. **S. arvensis**, Linn. — Hieracium majus, Fuchs. H. — sonchites, C. Bauh. — Ist das eigentliche Hieracium der Älteren. — Stengel nicht selten ästig!

β. laevipes, Koch. — Um Str. sehr vereinzelt; in Menge bei Demmin in den Tollensewiesen.

925. **S. asper**, Vill. Dodon. — S. oleraceus *γ.* asper, u. Var. δ. Linn. Spec. — ⊙ u. ♂.

α. integrifolius, F. — Blätter ungetheilt.

β. runcinatus, F. — Blätter schrotsägig-fiederspaltig.

γ. pubescens, F. — Kleiner. Stengel *einfach.* Blätter ungetheilt, von gekräuselten Haaren flaumig, die oberen ziemlich kahl. Meist roth überlaufend. — Auch im Zimmer gezogen und überwintert nicht vor Ende Jun. blühend. — In und an den Vorstädten.

δ. setosus, F. — Stengel an der Spitze nebst den Blüthenstielen drüsig-borstig od. theilweise kahl. — In und an den Vorstädten; nicht häufig.

ε. muricatus, F. — Blättchen des Hüllkelchs zum Theil auf dem Rücken weichstachelig: die Weichstacheln bald

---

kürzer, drüsenlos, bald länger, in eine Drüse ausgehend. Stengel und Blüthenstiele bald kahl, bald (häufiger) wie bei der v. Var. — In und an den Vorstädten; nicht selten.

926. **S. laevis**, Vill. Camerar. — S. oleraceus *α.* laevis, u. Var. *β.* Linn. Spec. — ⊙ u. ♂. — Die Achänen beiderseits ungleich-mehrrielig (nicht 3rielig).

α. integrifolius, Wallr. (unter S. oleraceus).

β. runcinatus, Koch (unter S. oleraceus).

γ. lacer (-us), Wallr. (unter S. oleraceus). — Der vollständige Zipfel der Blätter 3spaltig mit lanzettförmigen Zipfelchen, bei der v. Var. ungetheilt.

δ. setosus, F. — Wie Var. δ. der v. Art; auch der Hüllkelch bisw. mit einigen drüsentragenden Borsten besetzt. — In u. an den Vorstädten; ziemlich häufig.

ε. muricatus, F. — Wie Var. *ε.* der v. Art: die Weichstacheln fast immer in eine Drüse ausgehend. — Mit der v. Var.

927. **S. paluster**, Linn. — *Niederhof.* **R:** *Putbus.*
Bastard:

926 + 925. **S. laevi-asper**, F. — Vom Aussehen des S. laevis *α.* Achänen genau wie bei S. asper. — In der Kniepervorstadt einmal von mir gefunden.

392. *Sorbus*, *Brunfels.* Tournef.

928. **S. Aucuparia**, Linn. — Auc. Rivini, Rupp. Sorb. auc., Val. Cordus. — Negast u. a. O. *Rügen.*

929. **S. scandica**, Fries. — Crataegus Aria *β.* suecica, Linn. Spec. Cr. scandica, Celsius. — *Hiddensee.*

930. **S. torminalis**, Crataus. — Crataegus torm., Linn. Val. Cordus. — *Greifswald.* **R:** Stubnitz.

393. *Sparganium*, Tragus. Tournef.

931. **Sp. minimum**, Fries. C. Bauh. — Sp. natans, Linn. Fl. suec. I. u. Var. *β.* minima, Linn. Fl. suec. II. — Negast; Teschenhagen: zur Rechten des Weges nach Zitterpenningshagen. *Lassan:* am *Wege nach Clotzow.* **R:** *Wrechen, Güstelitz.*

932. **Sp. ramosum**, Huds. C. Bauh. — Sp. erectum *(α.),* Linn. — Am Frankenteich u. a. O. *Lassan. Rügen.*

933. **Sp. simplex**, Huds. — Sp. erectum *β.* Linn. Sp. non ramosum, C. Bauh. — Kupfergraben u. a. O. *Lassan.* **R:** Altenfähr u. a. O.

β. natans, F. — Stengel aufrecht, mit emportauchenden Blättern. Wurzelblätter mehr od. minder verlängert, ziemlich flach, unterwärts etwas 3kantig, der hervortauchende Theil schwimmend. — Im Knieper-Mühlengraben, häufig.

394. *Spergula*, Dodon. Dillen.

934. **Sp. arvensis**, Linn. — Sp., Dodon. Sagina Sp., Lobel.

α. sativa, Koch.

β. vulgaris, Koch.

γ. maxima, Koch. — An Wegrändern hie u. da und bisw. in der Ballastkiste.

935. **Sp. Morisonii,** Boreau. — **R:** Drigge, in den Kiefern nach der Gustower Wick hin, ziemlich häufig. — Früher um Str. in den vormal. Deviner Kiefern.

395. *Spergularia*, Pers. Presl.

Bei Persoon als Abtheilung von Arenaria.

936. **Sp. campestris,** F. — Arenaria camp., Allion. Ar. camp. —, Rupp. Ar. rubra α. campestris, Linn. Sp. rubra, Presl. Lepigonum rubrum, Wahlenbg. — Staubgefässe meist 5, 6. — Tribs. Feld: Sandhagen; Devin u. a. O. — **R:** Wampen. Drigge u. a. O.

937. **Sp. marginata,** F. — Lepigonum marginatum, Koch. Arenaria marginata, De C. Ar. media, Linn. Spec. II. no. 9. (vgl. die Bem. bei der flg. Art.). Sp. media, Garcke (methodisch richtig, aber systematisch nicht passend). Alsine — seminibus marginatis, Vaill. 2. — Staubgefässe (8—)10. Kronblätter weiss, an der Spitze hell-roseuroth. Blüthen fast 2mal so gross als bei der flg., fast den ganzen Tag geöffnet. — Knieperstrand, unfern des Bades. Zingst. *Rügen.* — Gewöhnlich ist die Pflanze oberwärts drüsig-flaumig, klebrig: ändert ab:

β. denudata, F. — Kahl od. fast kahl. — Mit der Hauptform: am Knieperstrande u. sehr häufig auf der Frankenweide. besonders am Strande.

938. **Sp. marina,** Garcke. — Ar. rubra β. marina, Linn. Spec. Spergula mar., Dalech. Lepigonum medium, Wahlbg: systematisch richtig, aber historisch nicht begründet, obwohl Linn. Spec. II. append. in den Worten: „A. media floret hora 12." (ähnlich in Mant. II.) nur *diese* Art bezeichnet haben kann. während ebendaselbst die Var. β. marina („Stamina 10; evigilat hora 9. Calyx tegit dimidiam capsulam.") nur auf die v. Art passt. — Fruchtbare Staubgefässe 1—6. bisw. 6. Kronblätter lila, nach dem Grunde hin blasser. Blüthen nur um Mittag geöffnet. — Frankenweide, Strand u. a. v. a. O. Rügen. — Gewöhnlich kahl; geht mit spärlicher Behaarung über in die flg. Var.

β. pubescens, F. — Stengel oberwärts nebst den Blättern, Blüthenstielen u. Kelchen drüsig-flaumig, etwas klebrig. — Knieperstrand u. a. O.

γ. candida, F. — Blumenkrone rein weiss. — Frankenweide, mit der gewöhnl. Pflanze, selten.

396. *Spiraea*, Clusius. Linn.

939. **Sp. Filipendula,** Linn. — Fil., Tragus. — Devin: am Ufer des Sees. Tribsees: Plenniner Laubholz. Barth, Demmin: Kiefern. Anclam. Lassan: *Silberkuhl.* **R:** Ufer am Nesebanzer Strande; Wampen, an den südlichen Wiesen. *Arcona.*

940. **Sp. Ulmaria,** Linn. — Ulm., Gesner. Medesusium (!), Val. Cordus. — An der Kupferwiese u. a. v. a. O. Rügen.

α. denudata, Koch.

β. discolor, Koch. — Blätter unterseits filzig: der Filz aschgrau od. weisslich, bleibend. — Häufig.

γ. calvescens, F. — Blätter unterseits filzig: der Filz graugrünlich, feiner und lockerer als bei der v. Var., an den älteren Blättchen von der Mittelrippe und den Hauptadern aus allmählig verschwindend. — Voigdehäger Moor; Abtshagen, im diesseitigen Walde: wahrscheinlich weiter verbreitet.

397. *Stachys*, Fuchs. Riviu.

941. **St. arvensis,** Linn. — An der Westseite des II. Grabens links vom Wege nach Voigdehagen. Demmin. **R:** Altenführ und Grahl, in der Nähe des Strandes u. auf diesem.

942. **St. germanica,** Linn. Gesner. — **R:** *Willow.*

943. **St. palustris,** Linn. Gesner. — Am Frankenteich u. a. v. a. O. Rügen. Kommt auch an trockneren Orten, auf Äckern, vor.

944. **St. recta,** Linn. Mant. I. Syst. XII. — Sideritis — erecta, C. Bauh. — *Anclam.*

945. **St. silvatica,** Linn. — Urtica silvana, Lonicer. — II. Graben u. a. v. a. O. Rügen.

398. *Statice*, Dalech. Tournef.

Vgl. Limonium. — Willd. hat, indem er die L.sche Gattung Statice wieder trennte, letzteren Namen unrichtig angewandt und ohne genügenden Grund seine Armeria eingeführt.

916. **St. Armeria,** Linn. — Armerius montanus tenuifolius major, Clusius. St. elongata, Hoffm. — Kugelfang, an den Chausseen u. a. v. a. O. Rügen, häufig.

947. **St. maritima,** Miller. — St. Armeria β. De C. (oh auch Linn.?) — *Rügen.*

399. *Stellaria*, Linn. (Brunfels.)

918. **St. crassifolia,** Ehrh. — Tribsees: Plenniner Moor (Billich).

919. **St. glauca,** Wither. — St. graminea β. Linn. — Herrenwiese; um Stadtkoppel u. a. v. a. O. Rügen.

950. **St. graminea** (α.), Linn. — Gramen leucanthemon, Dodon. (nicht Dalech.). — Ufer um Franzenshöhe u. a. v. a. O. Rügen.

951. **St. Holostea,** Linn. — Holosteum caryophyllaceum, Tabern. — II. Graben u. a. v. a. O. Rügen.

952. **St. media,** Vill. — Alsine med., Linn. Dodon.

β. denudata, F. — Stengel ganz kahl, ohne die 1seitige Haarleiste. — Abtshagen: Chausseegraben im diesseitigen Walde.

γ. decandra, F. — Var. β. major, Koch. — Ist kleiner, als die gemeine Pflanze auf fetterem Boden wird. — Niederhof; Park; Pennin; Abtshagen.

953. **St. nemorum,** Linn. mit Ausschl. der Var. β. Spec. II. (?). — Alsine altissima nem., C. Bauh. — Parower Park; Voigdehäger Trift; Bruch bei Niederhof; Abtshagen u. a. O. Greifswald: *Hohenmühl.*

954. **St. uliginosa,** Murr. — St. graminea γ. Linn. Fl. suec. II. (*nicht* Spec. nach dem Cit. aus C. Bauh.). Alsine fontana, Tabern. — Untere Blätter kürzer als die oberen,

gestielt! — Bei Stadtkoppel; Devin, Negast, Ahtshagen
u. a. O. *Rügen.*

Stenactis annua, Nees v. E. — Bisw. in Gärten wie Unkraut.

400. Stratiotes, *Lobel. Linn.*

955. **Str. Aloïdes**, Linn. — Al., Boerh. Aloë palustris,
C. Bauh. — In beiden Teichen; Vogelsang; Negast,
Demmin. *Greifswald. Lassan: Weide.*

401. Succisa, *Fuchs. Mert. u. Koch.*

956. **S. pratensis**, Mönch. — Succ. s. Morsus diaboli,
Camerar. Scabiosa Succ., Linn. — Bei Stadtkoppel; Parower
Aussenkoppel: Negast, Devin, Niederhof. Demmin.
Rügen.

β. dentata, F. — Blätter schmaler, spitzer, die sten-
gelständigen gezähnt od. fast fiederspaltig; das Kraut
etwas schwächer behaart. — Demmin: Devensche Holz.

γ. bumilis, F. — Stengel niedrig (¹/₄—1 Spanne hoch),
1—3köpfig. Wurzelblätter kürzer, breiter, elliptisch-eiförmig. — Parower Aussenkoppel. Demmin: Tollensewiesen.

402. Swertia, *Linn.*

957. **Sw. perennis**, Linn. — Gentiana — punctata,
Clusius. — Tribsees: Plenniner Moor. Grimmen: Vorland. *Greifswald. Jarmen.*

403. Symphytum, *Fuchs. Tournef.*

958. **S. officinale**, Linn. — Consolida major, Brunfels.
— In und an den Vorstädten: Frankenfeld u. a. O.

Syringa vulgaris, Linn. — Lilac, Busbeck. —
Bisw. verwildert.

404. Tanacetum, *Brunfels. Tournef.*

959. **T. vulgare**, Linn. Tragus.

405. Taraxacum, *(Lonicer.) Delin.*

960. **T. officinale**, Wrb. — T. officinis, Hall. Leontodon T., Linn. Dens leonis, Brunfels.

961. **T. palustre**, De C. — Leontodon palustre, Smith.
T. officinale s. lividum, Koch. — Unterscheidet sich ausser
den sonstigen Merkmalen durch die auf den Mai u. Jun.
beschränkte Blühzeit. — **R:** Wampen. Vielleicht auch
bei Str. in der Parower Aussenkoppel.

406. Taxus, *Dalech. Tournef.*

962. **T. baccata**, Linn. — **R:** Stubnitz. — Soll vormals auf dem Dars häufig gewesen sein.

407. Teesdalea, *Rob. Brown.*

963. **T. nudicaulis**, R. Br. — Iberis nud., Linn. —
Blüht aus späteren Trieben, so wie auch bisw. junge
Pflanzen, oft noch im Sept. — Devin, Tesebenhagen,
Sandhagen, Langendorf, Gr. Küdingshagen u. a. O.
Lassan: Heideberg, Wangelkow. **R:** Wrechen u. a. O.

408. Teucrium, *Fuchs. Linn.*

964. **T. Scordium**, Linn. — Scord., Tragus. — Kupferwiese; un den Knieperteich; bei Stadtkoppel; Deviner
Moor u. a. O. *Anclam.*

965. **T. Scorodonia**, Linn. — Scorod., Tragus. — **R:**
Hagen, am Wege nach Binz beim Walde.

409. Thalictrum, *Val. Cordus. Tourn.*

966. **Th. aquilegifolium**, Linn. — Th. — aquile-
giae foliis —, Tourn. — **R:** *Garz (?).*

967. **Th. flavum**, Linn. — Thalictrum pratense, Clusius.
— Wiesen am Vogelsang: Ahtshagen, im Heller; Nie-
derhof: Bruch und Strand. *Greifswald: Koval. Lassau:
Bauerberg.* **R:** *Sagard.*

968. **Th. Jacquinianum**, Koch. — Blüht erst Ende
Jun. bis in den Aug. — Kugelfang. Demmin: an den
Kiefern und im Devenschen Holz. **R:** *zwischen Bergen
und der Lietzower Führe* (? — nach Weigel dort die
flg. Art).

969. **Th. minus**, Linn, C. Bauh. — Thalictr. min., Dodon. — *Rügen*; wahrscheinlich auf Jasmund vorkommend.

410. Thesium, *Linn.*

970. **Th. pratense**, Ehrh. — **R:** *Jasmund; Wittow.*

411. Thlaspi, *Fuchs. Tournef.*

971. **Thl. arvense**, Linn. — Thl. arv. siliquis latis, C.
Bauh. Thl. platycarpon, Camerar. — Auf fettem Boden oft
mit monströsen Blüthen.

412. Thymus, *Brunfels. Tournef.*

972. **Th. Serpyllum**, Linn. — Serp., Brunfels. Serp.
vulgare, Dodon.

α. Chamaedrys, Koch. — Th. Cham., Fries. Th. Serp. β.
γ. δ. s. Linn. — Mit weisser Blumenkrone u. hellgrünem
Kraut an der Sandgrube im Tribs. Felde (die weibl.
Form) und am Seeufer bei Lüssow (die Zwitterform).

β. angustifolius, Koch. — Th. ang., Pers. Th. Serp. α.
(u. vielleicht ζ. Mant. II.) Linn.

413. Thyssetinum, *(Lobel.) Tournef.*

973. **Th. palustre**, Hoffm. Tourn. — Seseli pal., Camerar. — Frankenteich, Vogelsang u. n. v. a. O.

414. Tilia, *Brunfels. Tournef.*

974. **T. platyphyllos**, Scop. J. Bauh. — T. grandi-
folia, Ehrb. T. europaea β. δ. s. Linn. — Ebensträusse 3—
5blüthig od. durch Fehlschlagen 1—2blüthig; Kapseln
4—6kantig. — Angepflanzt; ob sich von selbst durch
Samen fortpflanzend?

975. **T. ulmifolia**, Scop. — T. parvifolia, Ehrb. T. europaea γ. Linn. — Die Ebensträusse fand ich bei beiden
von Koch aufgestellten Varr. 3—15blüthig. — **R:** *Berger Holz; Stubnitz.*

415. Tithymalus, *Fuchs. Tournef.*

Lactaria, Gaza. Arten von Euphorbia, Linn., der hierin
die beiden Gattungen Tithymalus (Tourn.) und Tithymaloi-
des (Tourn. — Jetzt Pedilanthus, Neck.) vereinigte, mit denselben verbunden.

976. **T. Cyparissias**, Scop. — T. cyp., Fuchs. T. cu-
pressinus —, Lobel. — *Lassau: bei Lentschow.*

52   Tithymalus.

977. **T. Esula,** Scop. — Es. minor, Dodon. Tith. pinea, Lobel. — **R:** Putbus.

978. **T. exiguus,** Mönch. — Esula exigua, Tragus. Tith. minimus, Tabern. — Sehr selten und wohl nur aus eingeschlepptem Samen.

β. exeisus. F. — Hüllblättchen am Grunde verbreitert und zum Theil ein wenig zusammengewachsen, durch einen buchtigen Ausschnitt der inneren Seite ungleich-2lappig: die Lappen spitz, der seitenständige mehrmals kleiner od. zahnförmig, der endständige lanzettförmig und an den grösseren (unteren) Blättchen etwas sichelförmig. Die Blättchen der Hülle von der gewöhnl. Form kaum abweichend, oder am Grunde schwach-verbreitert, gleichseitig, selten etwas stärker verbreitert und beiderseits 1zähnig. — Unter Sommerblumen in einem Garten gefunden.

979. **T. helioscopius,** Scop. Fuchs.
980. **T. Peplus,** Gärtn. — Peplus, Fuchs.
T. Lathyris, Scop. — Lath., Bruufels. — In Gärten bisw. verwildert.

416. Torilis, Adans. Hoffm.
981. **T. Anthriscus,** Gärtn. — Tordylium Anthr., Linn. — Vorstädte ü. a. v. a. O.

417. Tragopogon, Fuchs. Tournef.
982. **Tr. minor,** Fries. — Tr. pratensis β. micranthes, Wimm. — Hin u. wieder auf den Wällen.
983. **Tr. pratensis,** Linn. — Tr. pratense luteum, C. Bauh. — Wölle, Vorstädte, H. Groben, an der Chaussee u. a. O.
Tr. porrifolius, Linn. — Bisw. verwildert od. geflüchtet.

418. Trientalis, Val. Cordus. Rupp.
984. **Tr. europaea,** Linn. — Pyrola Alsines flore europaea, C. Bauh. Herba trieutalis, Val. Cordus. — Negast: am östl. Waldrande neben dem Fusssteige; Abtshagen: unfern des Baumgartens im Walde. Tribsees: Kamitzer Holz. Barth: Stadtholz. Greifswald. **R:** Gora, Granitz.

419. Trifolium. Fuchs. Tournef.
985. **Tr. agrarium,** Linn. Dodon. — Abtshagen, neben der Chaussee im diesseitigen Walde; Chaussee von Pantlitz nach Martensdorf.
986. **Tr. alpestre,** Linn. — Tribsees: Plenniner Laubholz. Demmin: Devensche Holz. **R:** Jasmund.
987. **Tr. arvense,** Linn. — Tr. arv. —, C. Bauh. Lagopus, Fuchs. — Kugelfang u. a. v. a. O.
988. **Tr. filiforme,** Linn. — ⊙ u. ♂. — Ein fast doldiger Stand der obersten Blüthenstiele findet sich hier, wie bei Medicago lupulina: an u. in der Kupferwiese. — Frankenweide; Knieperstrand; Barther Landstrasse u. a. v. a. O.
989. **Tr. flexuosum,** Jacq. — Tr. medium, Linn. Faun. succ. II. append. (der blosse Name; in Spec. II. u. später

zu Tr. alpestre gezogen). — **Am Ablass des Andershöfer Teichs**; Seeufer bei Lüssow, Abtshagen u. a. v. a. O. Demmin: Devensche Holz. Rügen.
990. **Tr. fragiferum,** Linn. — Tr. fr. frisicum, Clusius. — Frankenweide, Strand, Tribs. Feld u. a. v. a. O. Rügen. — An feuchteren, mit hohem Grase bedeckten Orten und an Gebüschen ist der Stengel aufstrebend od. fast kletternd, nicht wurzelnd, nebst den Blattstielen viel länger.
991. **Tr. hybridum,** Linn. — Greifswald. Demmin.
992. **Tr. montanum,** Linn. (Spec. I. no. 29.). — Tr. mont. album, C. Bauh. — Ufer am Deviner See; hie u. da an den Chausseen. Greifswald. Demmin. Rügen.
993. **Tr. pratense,** Linn. Dodon. — Tr. pr. purpureum, Fuchs. — Bei der an allen Wegen u. a. O. gemeinen (verwilderten?) Pflanze kommen auch gedreiete Köpfchen vor; jedoch sind auch einzelne Köpfchen nicht selten. — An einer gebaueten, sehr grossen u. üppigen Form ist die Spindel mit den etwa vorhandenen Blüthenstiele der immer gezweieten Köpfchen fast ohne Ausnahme zusammengewachsen. — Die, wie es mir scheint, wirklich wilde Pflanze fand ich in allen Theilen mehrmals kleiner, als die erstere, den Stengel (auf nacktem od. kurzgrasigem Boden) aufrecht, die Blätter deutlich gezähnelt, die unteren verkehrt-eiförmig, bisw. etwas rautenförmig, oft ausgerandet, die oberen länglich-verkehrt-eiförmig, die Köpfchen meist einzeln.
994. **Tr. procumbens,** Linn. — Oft, auch auf nacktem Boden, aufrecht. — Kugelfang, Barther Landstrasse u. a. v. a. O. Rügen.
α. majus, Koch.
β. minus, Koch. — Hier seltner als α.
995. **Tr. repens,** Linn. Rivin. — Tr. prateuse album, C. Bauh.
996. **Tr. spadiceum,** Linn. Fl. succ. II. — Tr. montanum Linn. Spec. I. no. 37. — Greifswald.

Bastarde:
959 + 993. **Tr. flexuoso-pratense,** F. Unterscheidet sich von Tr. pratense durch Folgendes: Nebenblätter zugespitzt-begrannt; Köpfchen oft gezweit, meist einzeln; Kelche oft schwächer behaart; Blumenkrone meist feuriger purpurn. — Hie und da an Chausseen und Wegrändern; ziemlich selten. — Im diesseitigen Abtshager Walde neben der Chaussee (selten) mit viel kleineren Köpfchen, stark-behaarten Kelchen und verkehrt-eiförmigen, ausgerandeten unteren Stengelblättern: die Blätter sämmtlich kleiner; der Stengel aufstrebend, viel länger als bei der oben erwähnten kleinen (wilden?) Form von Tr. pratense und wohl ohne Zweifel aus dieser entstanden.
993 + 989. **Tr. pratensi-flexuosum,** F. — Unterscheidet sich von Tr. flexuosum durch Folgendes: Wuchs

niedriger, Stengel stärker; Nebenblätter meist etwas
breiter; Köpfchen gestielt od. sitzend, oft gezweiet; Kelch-
röhre meist ein wenig behaart und oberwärts (wie es
auch bei Tr. flexuosum an sonnigen Orten, u. zwar in
noch höherem Grade der Fall ist) während des Blühens
blutroth überlaufen. — Blüht bis Ende Sept. — Um Str.
sehr häufig: Chaussee nach Brandshagen und nach Negast; Ufer am Strande nach Devin; am H. Graben bei
Stadtkoppel; Kugelfang; am Wege nach Prohn u. a. O.

420. Triglochin, *Dulech. Rivin.*

997. **Tr. maritimum**, Linn. — Strand, Frankenweide u. a. v. a. O. Demmin.

998. **Tr. palustre**, Linn. — Gramen trigl., Dalech. Gr.
Trigl., J. Bauh. — Kupferwiese, Knieperstrand u. a. v. a. O.

421. Triodia, *Rob. Brown.*

999. **Tr. decumbens**, Beauv. — Festuca dec., Linn.
Gramen avenaceum parvum decumbens, paniculis non aristatis,
Rajus. — Frankenweide; Voigdehäger Moor, Negast u.
a. O. **R:** Wampen; Drigger Kiefern.

422. Tripleurospermum, *C. H.
Schultz.*

1000. **Tr. Inodorum**, Schultz. bip. — Chrysanthemum
inod. (α.). Linn. Spec. II. Cotula inodora, Pena. — ⊙ u. ♂.
— Die Fruchtköpfchen sind oft auf derselben Pflanze
am Grunde flach oder geuabelt, grösser u. kleiner, der
Fruchtboden bald kürzer, breit-cif. od. eiförmig, bald
länger, ei-kegelf. od. kegelförmig, die Achänen bald
dicker, bald dünner, die Stengel bald aufrecht, bald aufstrebend od. ausgebreitet od. gestreckt, die Wurzel der
überwinterten (oft auch der heurigen) Pflanze meist vielstengelig. Eine 2te Art: Tr. maritimum, Koch (Matricaria
maritima, Linn. Spec. I. Chamaemelum maritimum, Linn. It.
vestg. Chrysanthemum inodorum β. Linn. Spec. II.), vermag
ich in hiesiger Gegend nicht zu unterscheiden; nach der
Beschreibung im It. vestg. ("Semina radii 3angularia, 3den-
tata; semina disci 4goua, 4dentata".) scheint die L. sche
Pflanze nicht hieher zu gehören.

423. Triticum, *Brunfels. Tournef.*

1001. **Tr. caninum**, Schreb. — Elymus caninus, Linn.
Fl. suec. II. Spec. II. sqq. — Das Tr. caninum, Linn. Spec. I.
wird fälschlich hieher gezogen: es gehört zu den be-
grannten Formen von Tr. repens, da es nach den Citaten
aus Vaillant und Scheuchzer eine kriechende Wurzel
hat, und da auch die Ähre bei Vaill. par. tab. 17. f. 2.
damit übereinstimmt. — *Anclam.*

1002. **Tr. junceum**, Linn. — *Dars, Zingst, Hiddensee.* **R:** Mönchgut.

1003. **Tr. repens**, Linn. — Gramen, Ruellius. Gr. —
medicatum, Lobel.
β. hirsutum, F. — Untere Blattscheiden rauhhaarig. —
Um die Tribs. und Knieper-Vorstadt u. a. O.

424. Trollius, *Gesner. Rupp.*

1004. **Tr. europaeus**, Linn. — Reinberg. Tribsees:
Plenninor Moor. Barth: Saatel. **R:** Pulbus; Sagard.

425. Turritis, *(Lobel.) Tournef.*

1005. **T. glabra**, Linn. — Ufer am Knieper- u. An-
dershöfer Strande; Deviner Ort; Voigdehäger Trift;
Lüssow, am Seeufer. Demmin. Lassan: beim Waschower
Fischerhause. Rügen.

426. Tussilago, *Eur. Cordus. Tournef.*

1006. **T. Farfara**, Linn. Lobel. — T. sive Farf. —,
Caesalpin. Lactuca ustularia, Eur. Cordus. — Am Strande
u. a. v. a. O. Rügen.

427. Typha, *Eur. Cordus. Tournef.*

1007. **T. angustifolia**, Linn. — Knieperteich u. a.
O. Seemühl. Greifswald. Lassan: Waschow.

1008. **T. latifolia**, Linn. — Kommt auch mit 3 Ähren
vor, deren 2 untere weiblich sind. — Knieperteich u.
a. O. Lassan: Waschow. Rügen.

428. Ulmus, *Tragus. Tournef.*

1009. **U. campestris**, Linn. — U. camp. —, C. Bauh.
— **R:** Medars; Jasmund.

1010. **U. effusa**, Willd. — Nebst der v. oft angepflanzt; ob aber heimisch?

429. Urtica, *Brunfels. Linn.*

1011. **U. dioica**, Linn. — U. major, Brunfels. U. vulgaris
urens —, Tragus.

1012. **U. urens**, Linn. — U. u. minima, Dodon. U. minor,
Brunfels.

430. Utricularia, *Linn.*

1013. **U. intermedia**, Hayne. — U. vulgaris Var. minor, Linn. Fl. suec. u. lapp. nach Wahlenbg. — Voigdehäger Teich.

1014. **U. minor**, Linn. — Lentibularia min., Vaill. —
Negast. Greifswald: Kieshöfer Moor. Lassau: Moor bei
Wangelkow.

1015. **U. vulgaris**, Linn. — Lentibularia major, Vaill.
Lent., Rivin. Lent. et Meon aquaticum, Gesner. — Knieper-
Mühlengraben; Negast; Voigdehäger Teich u. a. O. M.
Loitz, in Menge. Lassau. Rügen.

431. Vaccinium, *Dodon. Rupp.*

1016. **V. Myrtillus**, Linn. — Myrt. germanica, Dalech.
Vitis idaea nigra, Camerar. — Negast, Abtshagen u. a. v.
a. O. Rügen.

1017. **V. Oxycoccos**, Linn. — Oxycoccum, Val. Cordus. Serpyllum acinarium, Gesner. — Negaster u. Voigdehäger Moor, Zarrendorf, Teschenhagen, Brandshagen,
Devin, Parow u. a. O. Lassan: Moor. **R:** Serpin.

1018. **V. uliginosum**, Linn. — Vitis idaea major,
Camerar. — Parower Aussenkoppel. Tribsees: Recknitzmoor bei Plenninow. Negast. Greifswald: Potthagen. Hiddensee. **R:** Wittow; an der Prora.

1019. **V. Vitis idaea**, Linn. — Vit. id. rubra —, Do-

14

don. Camerar. Myrtillus exiguus, Tragus. — Sonst auf der vormal. Langendorfer Heide, selten u. klein. *Tribsees.*
Darss. Greifswald: Kieshof. Lassan: Buggenhagen. **R:** *Güstelitz; Schmale Heide.*

432. Valeriana, Brunfels. Tournef.
1020. **V. dioica,** Linn. — Herrenwiese, Vogelsang, Parow, Devin u. a. v. a. O.
1021. **V. officinalis,** Linn. — Phu germanicum, Fuchs.
— Die ziemlich zahlreichen Formen, die man zum Theil als selbständige Arten aufgestellt hat, sind folgende:
1) multiceps, F. — Val. multiceps, Wallr. (?). — *Wurzel vielköpfig, vielstengelig, ohne Ausläufer.*
α. exaltata, F. — Val. exaltata, Mikan. - Blätter 7—10-paarig. — Andershöfer Strand. Abtshagen, im diesseitigen Walde.
β. littoralis, F. — Niedriger, bis 2' hoch. Blätter 3—5paarig. — Deviner Strand, auf Kiesboden, selten.
2) turionifera, F. — Val. officinalis, Linn. bei Koch mit Ausschl. der letzten Var. hier unten. — *Wurzel (meist) 1stengelig, mit Ausläufern.*
γ. major, Koch (Var. α.). — Höher. Blätter 7—10paarig: Blättchen sämmtlich gezähnt, an den unteren Blättern oft tiefer-gezähnt und breiter. -- H. Graben, Andershöfer Strand u. a. O.
δ. media, F. — Blätter 7—10paarig : Blättchen lanzettförmig, gezähnt, an den oberen Blättern ganzrandig. — H. Graben u. a. O.
ε. minor, Koch (Var. β.). — Blätter 7—10paarig: Blättchen schmal-lanzettförmig, ganzrandig od. die untersten schwach-gezähnt. — Andershöfer Strand u. a. O.
ζ. sambucifolia, F. — Val. samb., Mikan. — Blätter 3—5paarig. — Andershöfer Strand; Wiese bei Negast am Fusssteige nach Lüssow.

433. Valerianella, Columna. Tournef.
1022. **V. Auricula,** De C. — *Rügen.*
1023. **V. dentata,** Pollich. — V. Morisonii, De C. Valeriana Locusta δ. dentata, Linn. mit Ausschl. des Cit. aus Rivin. — Langendorf, nach Grünhufe zu; Neu-Preetz. *Lassan.*
1024. **V. olitoria,** Pollich. — Valeriana Locusta α. olitoria, Linn. Locusta quibusdam, Gesner. — Wälle, Vorstädte, Knieperstrand, Niederhof u. a. v. a. O.

434. Verbascum, Brunfels. Linn.
1025. **V. nigrum,** Linn. Tragus. — Devin, Chaussee nach Negast, Barther Landstrasse u. a. v. a. O. Rügen.
1026. **V. thapsiforme,** Schrad. — Um Str. äusserst selten. Demmin, häufig. *Lassan: Pulow.*
1027. **V. Thapsus,** Linn. Fl. suec. (nach Fries.) Schrad. — Thapsus barbatus, Jo. Gerard. (vielleicht die v. Art). — Dänholm; sonst um Str. äusserst selten. *Greifswald.* **R:** *Halbinsel Thiessow, Stubnitz.*
V. phlomoides, Linn. Spec. l. append. — V. sivo candela regia, Tabern. — Hie u. da zufällig in Gär-

ten, sich regelmässig fortpflanzend, bisw. (wie auch das auf gleiche Weise vorkommende V. Thapsus) mit gelblich-weisser Blumenkrone.
435. Verbena, Brunfels. . Tournef.
1028. **V. officinalis,** Linn. — Columbaris, Hermol. Barbarus. — Voigdehagen; Gr. u. Kl. Kädingshagen. Demmin. *Lassan: Garthof. Barth.* **R :** Altenfähr n. a. O.
436. Veronica, Fuchs. Tournef.
1029. **V. agrestis,** Linn. zum Theil: wenigstens mit Ausschl. des Cit. aus Gouan. („calycina foliola ovata aequalia"), welches nur auf V. polita recht passt. — V. didyma, Ten. nach Koch. — Ist nebst den nächst verwandten Arten (V. Buxbaumii, V. opaca u. V. polita) ⊙ u. ♂'. Alle vier blühen vom Frühling bis zum Herbst; zuerst die überwinterten Pflanzen, dann die im Frühling aufgegangenen; nachdem sie eine Zeit lang geblüht, entwickeln sich in den obersten Blattwinkeln keine Blüthen mehr, Stengel u. Äste machen einen Stillstand im Wachsen, bis die Samen gereift sind, wachsen dann weiter und beginnen aufs neue zu blühen, während sie unterwärts wegen der vollkommen abgestorbenen Blätter nackt erscheinen; oft treiben auch neue Äste unter den älteren hervor. Später kommen noch wieder jüngere Pflanzen hinzu. Nur die heissen Monate in trockenen Sommern hemmen öfters diese Vegetation. Bei allen 4 Arten wurzelt der Stengel nebst den Ästen oft am Grunde, u. zwar nicht bloss an den Gelenken. *Unsere* Art trägt gar nicht selten am Stengel od. an einem der Äste 1—3 Blüthen mit 5theiligem Kelch, dessen oberster Zipfel lineal und viel kürzer als die übrigen ist.
1030. **V. Anagallis,** Linn. Syst. X. sqq. — V. An. aquatica, Linn. Spec. n. Fl. suec. Anagallis aqu., Jo. Gerard. Berula major, Tabern. — Gräben im Tribs. Felde u. a. O.; sehr gross, mit breiteren Blättern, im Deviner Fliess.
1031. **V. arvensis,** Linn. — Wälle, Ufer am Frankenstrande u. a. v. a. O.
1032. **V. Beccabunga,** Linn. — Anagallis aquatica s. Becabunga Germanorum, Lobel. Berula s. Anagallis aquatica, Tabern. — Am Knieper - Mühlengraben, Barther Landstrasse u. a. O.
1033. **V. Buxbaumii,** Ten. — Vgl. bei V. agrestis. — Stadtfeld. Demmin: Acker am Mühlengraben neben dem Wege nach Vorwerk, in Menge.
1034. **V. Chamaedrys,** Linn. - - Cham, Brunfels. — Am Jungfernsteig bei Knüchelsöhrn, H. Graben u. a. v. a. O.
1035. **V. hederifolia,** Linn. (hederaefol, vor 1755.). — Morsus gallinae folio hederulae,Lobel. Alsine hederacea, Tabern.
1036. **V. longifolia,** Linn. — *Loitz.* **R:** *Münchgut.*
1037. **V. montana,** Linn. — Alysson Dioscoridis montanum, Column. — Abtshagen, im diesseitigen Walde. *Tribsees:* Forkenbecker Holz.
1038. **V. officinalis,** Linn. — V. vulgaris supina, Clu-

sius. — Deviner Anlagen, Sandhagen, Negast, Abtshagen u. a. O.

1039. **V. opaca**, Fries. — Vgl. bei V. agrestis. — Auf dem Stadtfelde, häufig, besonders auf fetterem Boden; Voigdehagen. **R:** Altenfähr, Grahl, Nesebanz. — Die Kapsel ist netzig-aderig, aber das Adernetz ist schwächer als bei V. Buxbaumii u. durch die Behaarung versteckt.

1040. **V. peregrina**, Linn. — Greifswald.

1011. **V. polita**, Fries. — Vgl. bei V. agrestis. — Wälle, Vorstädte, Stadtfeld u. a. O., vorzüglich auf magerem, etwas sandigem Boden. **R:** Altenfähr (in Menge auf der alten Schanze am nördl. Strande), Kl. Bandelvitz.

1042. **V. scutellata**, Linn. — Anagallis aquatica angustifolia scut., C. Bauh. — Auf dem vormal. Kl. Paschenberg; Schlachterweide; um den Vogelsang u. a. v. a. O.

1043. **V. serpyllifolia**, Linn. — V. minor serp., Lobel. — Kl. Paschenberg, Kugelfang u. a. v. a. O.

1044. **V. spicata**, Linn. — V. spic. minor, C. Bauh. — Obere Blätter oft wechselständig od. zerstreut. — Demmin, sehr häufig. Lassan: Pianow. **R:** Münchgut, auf dem Perd.

1045. **V. triphyllos**, Linn. — Elatine triph., Hist. Lugd. — Die Pflanze verbreitet, wo sie häufig steht, gegen Abend einen strengen, etwas aromatischen Geruch. — Knieper- u. Frankenfeld, bei Stadtkoppel u. a. v. a. O.

1046. **V. verna**, Linn. — Kugelfang; Gr. Kädingshagen, Devin u. a. v. a. O.

V. prostrata (Linn.) möchte in der Gegend von Wolgast od. Lassan ebenfalls vorkommen.

437. *Viburnum*, Gesner. *Linn.*

1047. **V. Opulus**, Linn. — Op., Ruellius. Sambucus aquatica, Tragus. — H. Graben u. a. O. Rügen.

438. *Vicia*, Fuchs. *Rivin.*
Vgl. Cracca und Ervum.

1048. **V. augustifolia**, Roth. Rivin. — V. sativa β. angustifolia, Linn. Fl. suec. H. V. sativa β. nigra. Linn. Spec. H. — Devin, Gr. Kädingshagen, Negast, Abtshagen, Zimkendorf u. a. O. **R:** zwischen Bergen und Ralswiek; Semper.

β. segetalis, Koch (Var. α.). — V. segetalis, Thuill. — Nur 2mal von mir gefunden: im Frankenfelde unter Sommerkorn; an der Chaussee bei Andershof; an beiden Orten mehrere Pflanzen.

1049. **V. dumetorum**, Linn. — V. maxima dum, C. Bauh. — Anclam. **R:** Sagard, auf dem Dubberwort (?); Stubnitz.

1050. **V. Lathyroides**, Linn. — V. lath. —, Hermann. — Kugelfang, Ufer am Deviner See, Zimkendorf. **R:** Wampen, Putbus, Granitz.

1051. **V. sativa**, Linn. mit Ausschl. der Var β. Spec. H. — V. major sat, Tragus. — Kaum ursprünglich heimisch.

1052. **V. sepium**, Linn. Rivin. — V. sep. perennis, J. Bauh.

α. vulgaris, Koch. — An der Kupferwiese nufern des Pulverhauses: Voigdehagen; Pütte; Chaussee bei Negast und bei Abtshagen. Tribsees: Plenniner Laubholz.

β. angustifolia, Koch. — Abtshagen, im diesseitigen Walde, ziemlich häufig.

439. *Vinca*, Brunfels. *Rupp.*

1053. **V. minor**, Linn. — Clematis daphnoides minor —, Besler. V. pervinca, Brunfels. Pervinca, Tragus. — Loitz. Demmin: in den Kiefern, selten.

440. *Vincetoxicum*, Dodon. *Mönch.*

1054. **V. officinale**, Mönch. — Asclepias Vinc., Linn. Lobel. Cynanchum Vinc., R. Brown. — Tribsees: Plenniner Laubholz. Greifswald: auf dem Streng. Lassan: Lentschow. **R:** Wittow, stellenweise am hohen Ufer in Menge; Stubnitz.

441. *Viola*, Brunfels. *Tournef.*

1055. **V. canina**, Linn. Loniecr. — Devin, Niederhof, Negast u. a. v. a. O. — Die kleinere Form (V. ericetorum, Schrad.) auf der Frankenweide, am Kugelfang, Heide bei Gr. Kädingshagen, um die Windmühle diesseits Garbodenhagen u. a. O.

1056. **V. epipsila**, Ledebour (bei Fries Novit. Mant. II.). — Unterscheidet sich von V. palustris (Linn.) ausser den anderen Merkmalen durch Folgendes: Blätter deutlicher gesägt-gekerbt, mit einem (getrockret) durchscheinenden, ziemlich eng-maschigen Adernetz, die jüngeren unterseits überall mit zum Theil etwas gekräuselten Haaren bestreut, das innerste (2te od. 3te) ei-herzförmig; Kelchblätter lanzettförmig-länglich (3mal so lang als breit); die Blumenkrone etwas grösser, der Sporn länger. — Bei V. palustris sind die Blätter sämmtlich stumpf, meist abgerundet, kahl od. unterseits nur auf den Adern mit kurzen, geraden Haaren bestreut, ein durchscheinendes Adernetz nicht vorhanden od. (seltner) undeutlich und weit-maschig; die Kelchblätter elliptisch-eiförmig (kaum 2mal so lang als breit), sehr stumpf. — Tribsees: Plenniner Moor.

1057. **V. hirta**, Linn. — Tribsees: Lindenbusch bei Semlow; Plenniner Laubholz. **R:** Stubnitz.

1058. **V. mirabilis**, Linn. — **R:** Stubnitz.

1059. **V. odorata**, Linn. — V. Martia od. —, Tragus. — Wälle, H. Graben u. a. v. a. O.

1060. **V. palustris**, Linn. — V. pal. —, Morison. — Parower Aussenkoppel; Deviner Anlagen, am Sumpf; Teschenhagen, Zarrendorf, Wendorf, Sandhagen, Negast u. a. O.

1061. **V. recta**, Garcke. — Anclam: die Var. nicht angegeben.

1062. **V. silvestris**, Lamck. (V. canina, Linn. zum Theil?) — Parower Park, Pennin, Negast, Andershof, Voigdehäger Trift, Niederhöfer Park u. a. v. a. O., stellenweise in Menge. Rügen.

β. Rivinana, Koch. — Parower Aussenkoppel u. a. O.

1063. **V. tricolor**, Linn. — Herba Trinitatis, Brunfels.

α. arvensis, Koch (Var. β.). — V. arvensis, Murr. V. tricolor α. Linn. V. bicolor arvensis, C. Bauh. — Die überall gemeine Form, daher von Linn. vorangestellt.

β. amoena, F. — V. tricolor β. Linn. V. tric. α. vulgaris (?), Koch (sie kommt aber nach Koch selbst nicht überall wildwachsend vor). V. tricolor, Dodon. — Auf dem Stadtfelde vielleicht nur aus dem Samen der durch die Cultur verschönerten, ebenfalls hieher gehörigen Zierpflanze verwildert; in der Tribseer Gegend an mehreren Orten; Demmin: in den Kiefern des Devenschen Holzes.

112. *Viscaria*, *(Tabern.)* *Rupp.*
Vgl. Lychnis.

1064. **V. vulgaris**, Roehling. — Lychnis Visc, Linn. — Ufer am Devliner u. am Borgwall-See. Tribsees: Plenniner Laubholz. *Anclam.* **R:** Gustow, auf dem Papenberg; *Mednrs.*

113. *Viscum*, *Fuchs.* *Tournef.*

1065. **V. album**, Linn. — V. baccis albis, C. Bauh. — *Greifswald: Eldena. Lassan: Vorwerk (Garten).*

114. *Xanthium*, *Fuchs.* *Tournef.*

1066. **X. strumarium**, Linn. — X. sive Strumaria, Lobel. Lappa strumaria —. Plukenet. Lappa minor, Brunfels u. A. — An der neuen Schiffswerfte, Kniepervorstadt u. a. O. **R:** Altenfähr.

115. *Xylosteum*, *Dodon.* *Rivin.*
Xyl. u. Chamaecerasus, Tourn. Xylosteum, Juss.

1067. **X. dumetorum**, Mönch. — X. vulgare, Roehling. Chamaecerasus dumetorum, C. Bauh. Lonicera Xylosteum, Linn. — Bussiner Forst. *Anclam.* **R:** *Granitz, Stubnitz.* — Nach v. Buggenhagen (in Weigels Mag. II. 2.) in Neu-Vorpommern nicht heimisch (?).

116. *Zannichellia*, *Micheli.*
Einhäusig. Blüthen zu 2 (eine männl. u. eine weibl.) od. einzeln achselständig. Männl. Blüthe nackt: Staubfaden kürzer od. länger (?„" bis gegen 1'' lang); Staubbeutel 2–4fächerig: Fächer getrennt, walzenförmiglänglich, vom Mittelbande abwärts-gerichtet, dem Staubfaden anhangend, zuletzt von diesem sich ablösend, am Grunde mit einem Loch aufspringend. Weibl. Blüthe von einer glockigen, verschiedentlich getheilten, gespaltenen od. gelappten oder fast ganzrandigen Blüthenhülle umgeben, sitzend od. (wenigstens zuletzt) gestielt. Fruchtknoten 4–8; Griffel pfriemenförmig, bleibend; Narbe schief-schildförmig, ganzrandig oder gezähnelt. Steinfrüchtchen fast sitzend od. deutlich gestielt, oft am Rücken und bisw. auch an der Innenseite mit einem

schmaleren od. breiteren, flügelförmigen, höckerigen Rande umgeben, bei der Reife (vor dem Abfallen) sich schälend (die krautige Rinde löset sich ab, wobei der höckerige Rand sich in meist von einander getrennte Höckerchen und Dörnchen verwandelt). — Für *mehr* als 2 Arten vermag ich an den hiesigen Pflanzen keine hinreichend unterscheidenden Merkmale aufzufinden. — Meine hiesigen Pflanzen sind alle aus mehr od. minder salzigem Wasser. Beide Arten blühen vom Jun. an.

1068. **Z. palustris**, Linn. (zum Theil?). — Z. pal. major — —, Michel. (?). — Die Z. major (Bönningh.) ist mir nicht klar, da sie nach Reichenbach Blätter hat, von denen wenigstens die oberen immer zu 3 stehen sollen. — Von kräftigerem Wuchs, grösseren Scheiden, Blättern (die sich bis gegen 1''' breit finden) und Früchtchen, als die flg. Art. Griffel ziemlich dick, ¹⁄₂ so lang als die fast sitzenden od. kurz-gestielten Früchtchen. — Im Strandwasser: Hafen u. an der neuen Schiffswerfte; Gräben und Lachen der Frankenweide; bei Rügen.

1069. **Z. variabilis**, F. — Stengel schlanker, Blätter schmaler, Früchtchen nebst dem Griffel dünner als bei der v. Art. — Die Z. palustris minor — — (Michel.) gehört schwerlich hieher.

α. major, F. — Z. palustris β. pedicellata, Wahlenbg (?). Z. ped., Fries (?). — Fruchtdöldchen und Früchtchen gestielt: Stiel und Stielchen zusammen etwa so lang als das Früchtchen; Griffel mehr als ¹⁄₂ so lang als letzteres. — Im Strandwasser; häufig. Pflanzen aus der Nähe von Breslau stimmen hiermit überein.

β. media, F. — Früchtchen etwas kleiner, als bei der v. Var. (fast sämmtlich unberandet und höckerlos). Fruchtstiel und Fruchtstielchen zusammen, so wie der Griffel kaum ¹⁄₂ so lang als das Früchtchen. — Im südl. Graben der Frankenweide unfern des Strandes, neben der v. Var., von eben so hohem, aufrechtem Wuchs, aber reichlicher fruchttragend, in klarem, mehrere Fuss tiefem Wasser, nicht durch die eigene Menge od. durch andere Pflanzen gedrängt. Scheint seltner zu sein als Var. α.

γ. brevipes, F. — Z. polycarpa, Nolte (?). — Im Ganzen wie die v. Var., aber der Stengel (an meinem Expl.) länger gegliedert und die Früchtchen daher minder zahlreich. Fruchtstiel u. Fruchtstielchen sehr kurz, zusammen, so wie der Griffel kaum ¹⁄₂ so lang als das Früchtchen. — Greifswald: im Ryck.

117. *Zostera*, *Linn.*
Zoster, ζωστήρ, Phyci marini genus, Loniecr.

1070. **Z. marina**, Linn. — Fucus s. Alga marina graminea angustifolia seminifora ramosior, Rajus. — Blüht hier im Binnenwasser schon vor Mitte des Jun.

www.ingramcontent.com/pod-product-compliance
Lightning Source LLC
Chambersburg PA
CBHW022011190326
41519CB00010B/1480